普通高等教育"十三五"规划教材

大学微型化学实验

第二版

主　编　刘宗瑞

副主编　韩春平　刘　霞　贺锋嘎

科学出版社

北　京

内 容 简 介

　　本教材根据医学、药学和农林牧等高等院校各专业开设的化学课程的要求,有选择地将普通化学实验、有机化学实验和分析化学实验整合在一本实验教科书中。全书以绿色化学为主线,介绍了无机化学实验、有机化学实验及分析化学实验所用的微型仪器及其基本操作,同时编入了54组化学实验,部分实验吸收了新的教学改革研究成果。每组实验后均附有思考题,书后附有实验所需的参考数据,以备查阅。

　　本教材可作为高等医学、药学和农林牧院校的基础化学实验教材,也可作为其他院校非化学专业学生掌握微型化学实验技术的参考书。

图书在版编目(CIP)数据

大学微型化学实验／刘宗瑞主编. —2版. —北京:科学出版社,2016.8
普通高等教育"十三五"规划教材
ISBN 978-7-03-049611-9

Ⅰ.①大… Ⅱ.①刘… Ⅲ.①化学实验-高等学校-教材 Ⅳ.①06-3

中国版本图书馆 CIP 数据核字(2016)第 196997 号

责任编辑:王 颖 李国红／责任校对:张小霞
责任印制:徐晓晨／封面设计:陈 敬

科 学 出 版 社出版
北京东黄城根北街 16 号
邮政编码: 100717
http://www.sciencep.com

北京建宏印刷有限公司 印刷
科学出版社发行　各地新华书店经销
*

2009 年 7 月第 一 版　　开本:787×1092　1/16
2016 年 8 月第 二 版　　印张:11　插页:1
2018 年10月第五次印刷　　字数: 258 000
定价:39.00元
(如有印装质量问题,我社负责调换)

序

　　欣悉内蒙古民族大学刘宗瑞教授主编的《大学微型化学实验》书稿杀青,将由科学出版社出版,并于第八届全国微型化学实验研讨会召开之时发行,深感高兴。特向此书作者致以衷心的祝贺与感谢。祝贺你们在实施国家本科教学质量与教学改革工程和建设国家第三批特色专业的工作中取得的这项成果;感谢你们为我国微型化学实验的推广与普及做出的新贡献。

　　该书从教学实际出发,立足改革,把高等医学、药学与农林牧等专业的基础化学实验(其教学内容与要求相近)整合为一体,构成了包含无机、有机与分析化学实验的新系统的高校教材,这是创新的尝试。希望该教材的出版能为有效地运用教学资源,上好相关的实验课奠定基础。书中贯彻了绿色化学的理念,较多采用了微型实验的方法,对激发学生的学习兴趣,强化动手能力的训练,培养创新思维和环保意识将会起到重要的作用。

　　期待作者注意搜集师生的反馈意见,及时总结经验,发现问题与不足,积极研究改进的办法,俾使本教材再版时能充实提高,成为一本有先进教学理念、鲜明专业特色、深受师生欢迎的微型化学实验教材,为提高教学质量做出应有的贡献。

全国微型化学实验研究中心

周宁怀

2009 年 5 月 20 日于杭州

前　言

  大学微型化学实验自第一版出版以来的使用证明,在学校大面积推广微型化学实验,既节省了化学试剂、减少了环境污染,又培养了学生的创新能力和环保意识,该教材受到了使用高校教师和学生的好评。

  为了适应当前实验教学和改革的需要,我们对大学微型化学实验的部分内容进行了修订,一是增加了 5 个新实验,其中,在微型定量分析实验中增加了 3 个实验,在综合研究性实验中增加了 2 个实验;二是对部分实验内容的文字和试剂的用量进行了修改;三是对微型定量分析实验中的部分实验题目次序进行了调整。

  本书由刘宗瑞主编,韩春平、刘霞、贺锋嘎为副主编,全书包括实验室常识与实验基本技术、微型普通化学实验、微型有机化学实验、微型分析化学实验和综合研究性实验等五部分。第一部分由白洪涛、贺锋嘎、刘霞(中国农业大学)编写;第二部分由陈玉花、段莉梅、肖田梅编写;第三部分由韩春平(实验一至实验十二)和贺锋嘎(实验十三至实验十七)编写;第四部分由王书妍和乌兰格日乐编写,其中实验九至实验十一由刘霞编写;第五部分和附录由刘宗瑞编写。全书由刘宗瑞统稿并定稿。

  在本书第二版修订编著过程中,参阅了一些兄弟院校的教材,科学出版社的领导及责任编辑对本书的出版给予了大力支持,在此一并表示衷心感谢。因编者水平有限,书中难免有不妥之处,敬请读者批评指正。

编　者

2016 年 6 月 16 日

目　录

第一部分

实验室常识与实验基本技术

第一章 绪 论

一、化学实验的目的和要求

化学是以实验为基础的科学。其理论、原理和定律都是通过实验总结出来的。学习化学是理论和实验密切结合的过程。因此，化学实验课是学习化学的一个十分重要和必不可少的教学环节。它的作用是使课堂讲授中获得的知识得到进一步巩固、扩大和加深理解；通过具体操作使学生掌握化学实验的基本方法和技能；验证、评价化学的基本理论；培养学生独立工作的能力以及细致观察、正确记录实验现象并进行数据处理和得出科学结论的能力。通过实验，还可以培养学生具有实事求是的科学态度，培养勤于动手、勤于思考、讲究效率、合理安排乃至爱好整洁等良好习惯，从而逐步掌握进行科学实验和科学研究的方法。所有这些都有助于加强学生在未来的工作岗位上独立分析和解决问题的能力。

二、学 习 方 法

化学实验课的学习方法大致可分为下列三个步骤。

1. 预习　为了使实验能够获得良好的效果，实验前必须进行预习。

（1）阅读、理解实验教材、教科书和参考资料中的有关内容。

（2）明确本实验的目的。

（3）了解实验的内容、步骤、操作过程和实验时应该注意的地方。

（4）在预习的基础上，写好预习笔记，方能进行实验。

2. 实验　根据实验教材上所规定的方法、步骤和试剂用量进行操作。

（1）严格遵守实验室规则，注意安全和节约药品及水、电，认真观察，深入思考，并及时地作好详细记录。

（2）如果发现实验现象和理论不符，应首先尊重实验事实，并认真分析和检查其原因，也可以做对照试验、空白试验或自行设计的实验来校对，必要时应多次重做实验，从中得到有益的科学结论和学习科学思维的方法。

（3）遇到疑难问题，经思考和参考教材无法解答时，请指导教师帮助解答。

3. 实验报告　完成实验报告是本课程的基本训练，它将使学生在实验数据处理、作图、误差分析、问题归纳等方面得到训练和提高。实验报告的质量在很大程度上反映了学生的实际水平和能力。

化学实验报告的内容大致可分为：实验目的和原理、实验装置、实验条件、原始实验数据、数据的处理和作图、结果和讨论等。

在写报告时，要求开动脑筋、钻研问题、耐心计算、认真作图，使每次报告都要符合化学实验教学的要求。实验报告重点应该放在对实验数据的处理和对实验结果的分析讨论上。

实验报告的讨论可包括：对实验现象的分析和解释、对实验结果的误差分析、对实验的改进意见、心得体会和查阅文献情况等。学生可在教师指导下，用一、两个实验作为典型，深入进行数据的误差分析。

一份好的实验报告应该符合实验目的、实验原理清楚,数据准确,作图合理,结果正确,讨论深入和字迹清楚等要求。实验报告格式如下,以供参考,见表 1-1。

表 1-1 实验报告格式

实 验 报 告

实验名称: 室温: 气压:

学院	专业	班级	组	姓名	实验室	指导教师	日期

一、实验目的

二、实验原理

三、实验装置简图

四、实验步骤

五、数据记录和结果处理

六、问题与讨论

第二章　实验室常识与实验数据处理

第一节　实验室常识

一、实验室工作规则

1. 学生必须按照规定时间参加实验课,不得迟到早退,迟到一刻钟以上者,不得参加本次实验。

2. 实验前必须认真预习实验内容,明确实验目的、原理、方法和步骤,并写好预习报告,准备接受指导教师提问。无预习报告或提问不合格的,须重新预习,方可进行实验。

3. 进入实验室必须衣着整洁,保持安静,遵守实验室各项规章制度。严禁高声喧哗、吸烟、随地吐痰和吃零食,不得随意动用与本实验无关的仪器。

4. 实验准备就绪后,须经指导教师检查同意,方可进行实验。实验中应该严格遵守仪器设备操作规程,认真观察分析实验现象,如实记录实验数据,独立分析实验结果,认真完成实验报告,不得抄袭他人实验结果。

5. 实验中要爱护仪器设备,注意安全,节约水、电,凡违反操作规程或不听指挥而造成事故、损坏仪器设备者,必须写出书面检查,并按学校有关规定赔偿损失。

6. 实验中若发生仪器故障造成事故,应该立即切断电源、水源等,停止操作,保护现场,报告指导教师,待查明原因或排除故障后,方可继续进行实验。

7. 实验完毕后,应及时切断电源、关好水、气,将所有仪器设备、工具等整理好并归位,经指导教师检查同意后,方可离开实验室。

8. 应按实验要求及时、认真完成实验报告。凡实验报告不符合要求且成绩不合格者不能参加本门课程考试,独立开课的实验不能获得学分。

二、实验室安全守则

1. 实验室的安全工作必须遵循"安全第一,预防为主"的方针。

2. 学生首次做实验,必须对他们进行安全教育,宣讲《学生实验守则》和有关注意事项。

3. 对压力容器、焊接、锻压、铸造、振动、噪声、高温、高压、放射性物质等场合及其相关设备,要制定严格的操作规程。

4. 对易燃、易爆、有毒等危险品,要按规定设专用库房存放,并要有专人妥善保管,严格领用手续。

5. 电气设备的线路必须按照规定装设,禁止超负荷用电,未经学校用电部门批准,实验室不得使用电热加热器具(包括电炉、电水壶等电热设备),确定必须使用时,经批准后也应做到有专人看管。

6. 有接地要求的仪器必须按照要求接地,定期检查。水源、电源总闸应有专人负责。要按规定备好消防器材,下班时和节假日要切断电源开关、关好水龙头。

7. 实验室内严禁存放私人物品,实验室的钥匙只能由实验室专职人员和实验室主任持有。非实验室人员不得随意进入实验室,严禁教工子女到实验室看书、玩耍。

8. 对违章操作,玩忽职守,忽视安全而造成的火灾、被盗、污染、中毒,精密、贵重、大型仪器设备损坏,人身伤亡等重大事故,必须保护好现场,并立即向有关部门报告。有关部门要及时对事故做出严肃处理,必要时追究责任人刑事责任。对隐瞒或缩小、扩大事故真相者,要从严处理。

三、事故的预防和处理

1. 事故的预防

(1) 如遇起火,首先移走易燃药品,切断电源,关闭煤气开关,向火源撒沙子或用石棉布覆盖火源。有机溶剂燃烧时,在大多数情况下,严禁用水灭火。

(2) 如遇触电事故,首先切断电源,然后在必要时进行人工呼吸。

(3) 使用或反应过程中产生氯、溴、二氧化氮、卤化氢等有毒气体或液体的实验,在通风橱内进行,有时也可以用气体吸收装置吸收产生的有毒气体。

(4) 剧毒化学试剂在取用时决不允许直接与手接触,应戴防护目镜和橡皮手套,不让剧毒物质掉到桌面上。在操作过程中,经常冲洗双手,仪器用完后,立即洗净。

2. 掌握急救常识

(1) 割伤:伤口内若有玻璃碎片或其他异物,需先挑出并及时挤出血,用蒸馏水洗干净伤口,涂上碘酒或红汞,再用纱布包扎。

(2) 烫伤:勿用水冲洗,在伤处涂以苦味酸溶液、玉树油或硼酸油膏。

(3) 眼睛被酸液或碱液灼伤:酸液或碱液溅入眼睛中立即用大量的水冲洗,若为酸液,再用1%碳酸氢钠溶液冲洗;若为碱液,则再用1%硼酸溶液冲洗,最后用水洗。重伤者经初步处理后,立即送医院。

(4) 皮肤被酸、碱或溴液灼伤:被酸或碱液灼伤,伤处先用大量水冲洗;若为酸液灼伤,伤处再用饱和的碳酸氢钠溶液冲洗;若为碱液灼伤,伤处再涂上药用凡士林。被溴液灼伤时,伤处立即用石油醚冲洗,再用2%硫代硫酸钠溶液冲洗,然后用蘸有甘油的棉花擦,再敷以油膏。

四、实验室废液的处理

实验中经常会产生某些有毒的气体、液体和固体,都要及时排弃。特别是某些剧毒物质,如果直接排出就可能污染周围空气和水源,造成环境污染,损害人体健康。因此,对废液和废气、废渣要经过一定的处理后,才能排弃。

产生少量有毒气体的实验,应在通风橱里进行,通过排风设备将少量有毒气体排出室外,以免污染室内空气。产生毒气量大的实验,都必须备有吸收或处理装置,如二氧化硫、二氧化氮、氯气、硫化氢、氟化氢等可用导管通入碱液中,使其大部分吸收后排出,一氧化碳可点燃,少量有毒的废渣常埋于地下。

1. 废酸缸中废酸液可以先用耐酸塑料网纱或玻璃纤维过滤,滤液中加碱中和,调 pH 至 6~8 后就可以排出。少量滤渣可埋于地下。

2. 废铬酸洗液,可以用高锰酸钾氧化法使其再生,继续使用。少量的废洗液(如废碱液或石灰)可以使其生成氢氧化铬沉淀,将此废渣埋入地下。

3. 氰化物是剧毒的物质,含氰废液必须认真处理。少量的含氰废液可先加入氢氧化钠调至 pH>10,再加入几克高锰酸钾使 CN^- 分解。量大的含氰废液,可以用碱性氧化法处理。先用碱调至 pH>10,再加入含氯石灰(漂白粉),使 CN^- 氧化成氰酸盐,并进一步分解为二氧化碳和氮气。

4. 含汞盐废液应先调 pH 至 8~10 后,加适量的硫化钠而生成硫化汞沉淀,并加硫酸亚铁生成硫化铁沉淀。从而吸附硫化汞沉淀下来。静置后分离,再离心、过滤;清液含汞量可降至 $0.02mg \cdot L^{-1}$ 以下排放。少量残渣可埋入地下,大量残渣可用焙烧法回收汞,要在通风橱里进行。

5. 含重金属离子的废液,最有效和最经济的处理方法是:加碱或硫化钠把重金属离子变成难溶的氢氧化物或硫化物而沉淀下来,从而过滤分离,少量残渣可以埋入地下。

6. 废弃的有机溶剂进行蒸馏回收,少量的残渣可以埋入地下。

第二节　化学实验中的数据表达与处理

在测量实验中,取同一试样进行多次重复测试,其测定结果常常不会完全一致。这说明测量误差是普遍存在的。人们在进行各项测试工作中,既要掌握各种测定方法,又要对测量结果进行评价。分析测量结果的准确性、误差的大小及其产生的原因,以求不断提高测量结果的准确性。

一、误差与偏差

1. 准确度与误差　准确度是指测量值与真实值之间相差的程度,用误差表示。误差越小,表明测量结果的准确度越高。反之,准确度就越低。误差可以表示为绝对误差和相对误差

$$绝对误差(E) = 测量值(x) - 真实值(x_T)$$

$$相对误差 = \frac{绝对误差}{真实值} \times 100\% = \frac{x - x_T}{x_T} \times 100\%$$

绝对误差只能显示出误差变化的范围,不能确切地表示测量精度。相对误差表示误差在测量结果中所占的百分率,测量结果的准确度常用相对误差表示。绝对误差可以是正值或者负值,正值表示测量值较真实值偏高,负值表示测量值较真实值偏低。

2. 精密度与偏差　精密度是指在相同条件下多次测量结果互相吻合的程度,表现了测定结果的再现性。精密度用偏差表示。偏差愈小,说明测定结果的精密度愈高。

设一组多次平行测量测得的数据为 $x_1, x_2, \cdots\cdots x_n$,则各单次测量值与平均值 $\bar{x}$ 的绝对偏差为 $d_1 = x_1 - \bar{x}; d_2 = x_2 - \bar{x}; \cdots\cdots; d_n = x_n - \bar{x}$

$$平均值 \bar{x} = \frac{x_1 + x_2 + \cdots\cdots + x_n}{n} = \frac{1}{n} \sum_{i=1}^{n} x_i$$

$$单次测量值的相对偏差 = \frac{d_i}{\bar{x}} \times 100\%$$

偏差不计正负号。

为了说明测量结果的精密度,可以用平均偏差表示

$$\overline{d} = \frac{|d_1| + |d_2| + \cdots\cdots + |d_n|}{n}$$

也可用相对平均偏差来表示

$$相对平均偏差 = \frac{\overline{d}}{\overline{x}} \times 100\%$$

由以上分析可知,误差是以真实值为标准,偏差是以多次测量结果的平均值为标准。误差与偏差,准确度与精密度的含义不同,必须加以区别。但是由于在一般情况下,真实值是不知道的(测量的目的就是为了测得真实值),因此处理实际问题时常常在尽量减小系统误差的前提下,把多次平行测得结果的平均值当做真实值,把偏差作为误差。

二、误差的种类及其产生原因

1. 系统误差　这种误差是由某种固定的原因造成的。例如方法误差(由测定方法本身引起的),仪器误差(仪器本身不够准确),试剂误差(试剂不够纯),操作误差(正常操作情况下,操作者本身的原因)。这些情况产生的误差在同一条件下重复测定时会重复出现。

2. 偶然误差　这是由于一些难以控制的偶然因素引起的误差。如测定时的温度、大气压的微小波动,仪器性能的微小变化,操作人员对各份试样处理时的微小差别等。由于引起原因有偶然性,所以误差是可变的,有时大,有时小,有时是正值,有时是负值。

除上述两类误差外,还有因工作疏忽,操作马虎而引起的过失误差。如试剂用错、刻度读错、砝码认错或计算错误等,均可引起很大误差,这些都应力求避免。

3. 准确度与精密度的关系　系统误差是测量中误差的主要来源,它影响测定结果的准确度,偶然误差影响测定结果精密度。测定结果准确度高,一定要精密度好,表明每次测定结果的再现性好。若精密度很差,说明测定结果不可靠,已失去衡量准确度的前提。

有时测量结果精密度很好,说明它的偶然误差很小,但不一定准确度就高。只有在系统误差小时或相互抵消之后,才能做到精密度既好准确度又高。因此,我们在评价测量结果的时候,必须将系统误差和偶然误差的影响结合起来,以提高测定结果的准确性。

三、提高测量结果准确度的方法

为了提高测量结果的准确度,应尽量减小系统误差、偶然误差和过失误差。认真仔细地进行多次测量,取其平均值作为测量结果,这样可以减少偶然误差并消除过失误差。在测量过程中,提高准确度的关键是尽可能地减少系统误差。

1. 校正测量仪器和测量方法　用国家标准方法与选用的测量方法相比较,以校正所选用的测量方法。对准确度要求较高的测量,要对选用的仪器,如天平砝码、滴定管、移液管、容量瓶、温度计等进行校正。当准确度要求不高时(如允许相对误差<1%),一般不必校正仪器。

2. 空白实验　空白实验是在同样测定条件下,如用蒸馏水代替试液,用同样的方法进行实验。其目的是消除由试剂(或蒸馏水)和仪器带进杂质所造成的系统误差。

3. 对照实验　对照实验是用已知准确成分或含量的标准样品代替试样,在同样的测定条件下,用同样的方法进行测定的一种方法。其目的是判断试剂是否失效,反应条件是否控制适当,操作是否正确,仪器是否正常等。

对照实验也可以用不同的测定方法,或由不同单位不同人员对同一试样进行测定来互相对照,以说明所选方法的可靠性。是否善于利用空白、对照实验,是分析问题和解决问题能力大小的主要标志之一。

四、有 效 数 字

1. 有效数字位数的确定　在化学实验中,经常需要对某些物理量进行测量并根据测得的数据进行计算。但是测定物理量时,应采用几位数字? 在数据处理时又应保留几位数字? 为了合理地取值并能正确运算,需要了解有效数字的概念。

有效数字是实际能够测量到的数字。到底要采取几位有效数字,这要根据测量仪器和观察的精确程度来决定,见表2-1。例如,在台秤上称量某物为7.8g,因为台秤只能称量准确到0.1g,所以该物质量可表示为(7.8±0.1)g,它的有效数字是2位。如果将该物放在分析天平上称量,得到的结果是7.8125g,由于分析天平能称准确到0.0001g,所以该物质量可以表示为(7.8125±0.0001)g,它的有效数字是5位。又如,在用最小刻度为1mL的量筒测量液体体积时,测得体积为17.5mL,其中17mL是直接由量筒的刻度读出的,而0.5mL是估计的,所以该液体在量筒中准确读数可表示为(17.5±0.1)mL,它的有效数字是3位。如果将该液体用最小刻度为0.1mL的滴定管测量,则其中体积为17.56mL,其中17.5mL是直接从滴定管的刻度读出的,而0.06mL是估计的,所以该液体的体积可以表示为(17.56±0.01)mL,它的有效数字是4位。

表 2-1　常用仪器的精度

仪器名称	仪器精度	例子	有效数字	仪器名称	仪器精度	例子	有效数字
托盘天平	0.1g	15.6g	3位	移液管	0.01mL	25.00mL	4位
电光天平	0.0001g	15.6068g	6位	滴定管	0.01mL	50.00mL	4位
10mL量筒	0.1mL	8.5mL	2位	容量瓶	0.01mL	100.00mL	5位
100mL量筒	1mL	96mL	2位				

从上面的例子可以看出,有效数字与仪器的精确程度有关,其最后一位数字是估计的(可疑数),其他的数字都是准确的。因此,在记录测量数据时,任何超过或低于仪器精确程度的有效位数的数字都是不恰当的。如果在台秤上称得某物质量为7.8g,不可计为7.800,在分析天平称得某物质量恰为7.800g,亦不可记为7.8g,因为前者夸大了仪器的精确度,后者缩小了仪器的精确度。

有效数字的位数可用下面几个数值来说明:

数值	0.0056	0.0506	0.5060	56	56.0	56.00
有效数字的位数	2位	3位	4位	2位	3位	4位

数字1,2,3,4,5,…,9都可作为有效数字,只有"0"有些特殊。它在数字的中间或数字后面时,则表示一定的数量,应当包括在有效数字的位数中。但是,如果"0"在数字的前面时,它只是定位数字,用来表示小数点的位置,而不是有效数字。

在记录实验数据和有关的化学计算中,要特别注意有效数字的运用,否则会使计算结果不准确。

对数值的有效数字位数,仅由小数部分的位数决定。因此对数运算时,对数尾数部分的有效数字位数应与相应的真数的有效数字位数相同。例如 pH = 7.68 即 $c_{H^+} = 2.1 \times 10^{-8}$ mol·L^{-1} 有效数字为两位,而不是三位。

2. 有效数字的使用规则

(1) 加减运算:在进行加减运算时,所得结果的小数点后面的位数应该与各加减数中小数点后面位数最少者相同。

例如,将 28.3,0.17,6.39 三数相加,它们的和为

$$
\begin{array}{r}
28.\underline{3} \\
0.1\underline{7} \\
+)6.3\underline{9} \\
\hline
34.\underline{86}
\end{array}
$$

34.86 应改为 34.9

显然,在三个相加数值中,28.3 是小数点后面位数最少者,该数的精确度只到小数点后一位,即 28.3±0.1,所以在其余两个数值中,小数点后的第二位数是没有意义的。显然答数中小数点后第二位数值也是没有意义的。因此应当用修约规则弃去多余的数字。另外习惯上首位数字大于 8 时也可进一位。

在计算时,为简便起见,可以在进行加减前就将各数值简化,再进行计算。如上述三个数值之和可化简为

$$
\begin{array}{r}
28.3 \\
0.2 \\
+)6.4 \\
\hline
34.9
\end{array}
$$

(2) 乘除运算:在进行乘除运算时,所得的有效数字的位数,应与各数中最少的有效数字位数相同而与小数点的位置无关。

例如,0.0121,25.64,1.05782 三数相乘,其积为

$$0.0121 \times 25.64 \times 1.05782 = 0.32818230808$$

所得结果的有效数字的位数应与三个数值中最少的有效数字 0.0121 的位数(三位)相同,故结果应改为 0.328。这是因为,在数值 0.0121 中,0.0001 是不太准确的,它和其他数值相乘时,直接影响到结果的第三位数字,显然第三位以后的数字是没有意义的。

在进行一连串数值的乘(除)运算时,也可以先将各数化简,然后运算。如上例中三个数值连乘,可先简化为

$$0.0121 \times 25.6 \times 1.06$$

在最后答数中应保留三位有效数字。需要说明的是,在进行计算的中间过程中,可多保留一位有效数字运算,以消除在简化数字中累积的误差。

(3) 对数运算:在对数运算中,真数有效数字的位数与对数的尾数的位数相同,而与首数无关。首数是供定位用的,不是有效数字。

例如:lg15.36 = 1.1864 是四位有效数字,不能写成 lg15.36 = 1.186 或 lg15.36 = 1.18639。

只有在涉及直接或间接测定的物理量时才考虑有效数字,对那些不测量的数值例如 $\sqrt{2}$、$\frac{1}{2}$ 等不连续物理量以及从理论计算出的数值(如 π、e 等)没有可疑数字。其有效数字位数可以认为是无限的,所以取用时可以根据需要保留。其他如相对原子质量、摩尔气体常数等基本数值,如需要的有效数字少于公布的数值,可以根据需要保留数值。

五、化学实验中的数据表达与处理

为了表示实验结果和分析其中规律,需要将实验数据归纳和整理。在化学实验中主要采用列表法和作图法。

1. **列表法** 在化学实验中,最常用的是函数表。将自变量 x 和应变量 y 一一对应排列成表格,以表示二者的关系。列表时注意以下几点:

(1) 名称:每一表格必须有简明的名称。

(2) 行名与量纲:将表格分为若干行,每一变量应占表格中一行,每一行的第一列写上该行变量的名称及量纲。

(3) 有效数字位数:每一行所记数字应注意其有效数字位数。如果用指数表示数据时,为简便起见,可将指数放在行名旁。

(4) 自变量的选择:自变量的选择有一定灵活性。通常选择较简单的变量(如温度、时间、浓度等)作为自变量。

2. **作图法** 实验数据常要用作图来处理,作图可直接显示出数据的特点和数据变化的规律。根据作图还可求得斜率、截距、外推值等。因此,作图好坏与实验结果有着直接的关系。以下简要介绍一般的作图方法。

(1) 准备材料:作图需要用直角坐标纸、铅笔(以 1H 的硬铅为好)、透明直角三角板、曲线尺等。

(2) 选取坐标轴:在坐标纸上画两条互相垂直的直线,一条为横坐标,一条是纵坐标,分别代表实验数据的两个变量,习惯上以自变量为横坐标,应变量为纵坐标。坐标轴旁需要标明代表的变量和单位。坐标轴上比例尺的选择原则:①从图上读出有效数字与实验测量的有效数字要一致;②每一格所对应的数值要易读,有利于计算;③要考虑图的大小布局,要能使数据的点分散开,有些图不必把数据的零值放在坐标原点上。

(3) 标定坐标点:根据数据的两个变量在坐标内确定坐标点,符号可用×、⊙、Δ 等表示。同一曲线上各个相应的标定点要用一种符号表示。

(4) 画出图线:用均匀光滑的曲线(或直线)连接坐标点,要求这条线能通过较多的点,不要求通过所有的点。没有被连上的点,也要均匀地分布在靠近曲线的两边。

第三章 实验室基本技术

第一节 常用微型仪器简介

一、成套微型有机化学实验玻璃仪器及一些单元操作装置

1. 一些单元操作装置简介 微型化学实验以使用尽可能少的试剂为主要特征,而采用微型化的实验仪器装置是微型化学实验的第二特征。目前,定型的微型实验仪器,可按制作材料分为玻璃仪器和高分子材料仪器两大系列。

现已面市的国产成套有机实验微型玻璃仪器主要是由杭州师范学院研制、南京十四中玻璃仪器厂生产的微型化学制备仪。整套仪器放置在 320mm×255mm×78mm 的塑料盒中,由 23 个品种 34 个部件组成,均采用 10# 标准磨砂接口。图 3-1 是这套仪器主要部件示意图,表 3-1 是各部件的品种和规格。

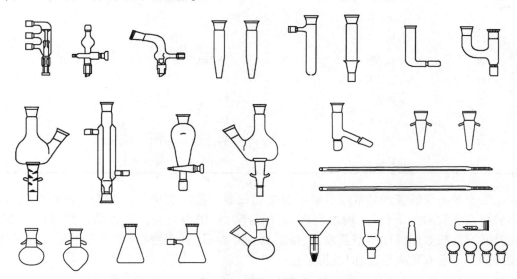

图 3-1　国产微型玻璃仪器

表 3-1　国产微型化学制备仪的品种和规格

序号	品名	规格(磨口口径/容量)	件数
1	圆底烧瓶	10/3mL	1
	圆底烧瓶	10/5mL	1
	圆底烧瓶	10/10mL	2
2	梨形烧瓶	10/5mL	1

续表

序号	品名	规格(磨口口径/容量)	件数
3	二口烧瓶	10×2/10mL	1
4	锥形瓶	10/5mL	1
	锥形瓶	10/15mL	1
5	直形冷凝管	10×2/80mm	1
6	空气冷凝管	10×2/80mm	1
7	微型蒸馏头	10×3	1
8	微型分离头	10×3	1
9	蒸馏头	14/10×2	1
10	克莱森接头	10×3	1
11	真空指形冷凝器(真空冷指)	10	1
12	真空接受器	10×2	1
13	具支试管	10/5mL	1
14	吸滤瓶	10/10mL	1
15	玻璃漏斗(附玻璃钉)	10/20mL	1
16	温度计套管	10	1
17	直角干燥管	10	1
18	离心试管	10/2mL	1
19	二通活塞	10	2
20	玻璃塞	10	4
21	大小头接头	14/10	1
22	温度计	0~150,150~300℃	2
23	搅拌磁子	四氟乙烯	1

　　原国家教委仪器新产品鉴定专家组对这套仪器的鉴定意见是:"此套仪器根据微型化学实验特点和我国国情设计,构思新颖,结构合理,属国内首创。各种部件均采用标准磨口,通用性好,核心部件如微型蒸馏头、指形真空冷凝器(真空冷指)等集多种功能为一体,较国外同类仪器有较大改进,同意批量投产。"

　　当进行分馏操作时,若待馏液体积较大,可采用一般微型化的分馏装置。分馏柱由空气冷凝管填充截短的玻管或聚四氟乙烯管($\phi<5mm$,长 5mm)作填料以增大气液两相间的接触面,被蒸馏物的数量必须与分馏柱的大小相适应。过粗过长的分馏柱能使较多液体滞留于分馏柱内,即"柱藏量"太大。一般来说,要求分离为纯品的初始混合物中每一组分的量至少应达到柱藏量的 10 倍。新近开发成功的不锈钢异形微型填料,"柱藏量"小,分馏效率高,适于微型分馏柱使用。由于微型实验的分馏,通常馏液很少,应当使用"柱藏量"尽可能小的分馏柱,并尽量减少操作过程的转移次数与器壁沾损。为此专门设计了微型分馏头(图 3-2)。它是把微型蒸馏头的回馏段改成类似于 Vigreux 分馏柱。经测试这样的微型分馏头理论塔板数为 4.3,分馏柱的理论层高即 H. E. T. P. =0.47cm,可收集到数十微升的分馏液。若要进行减压分馏,其装置也是通过加接真空冷指来实现的。

　　真空指形冷凝器(简称真空冷指)是本套仪器的另一个重要部件(图 3-3)。它由夹层通冷却水的冷凝柱和抽气管道组成。真空冷指与任一种微型反应容器组合，就是一套能进行常（减）压升华的装置。真空冷指接入任一微型仪器装置中，就使该装置具有在抽气减压的通道，在抽气装置配合下，即能进行减压下的操作。当进行减压升华和减压抽滤操作时，由于这些微型仪器装置总体积一般在 20ml 左右，因此有些操作如抽滤减压升华等可通过把注射器或已排气的洗耳球连接抽气口的乳胶管来抽气减压，不必用到真空泵或水泵等设备，使这些减压操作大为简便。

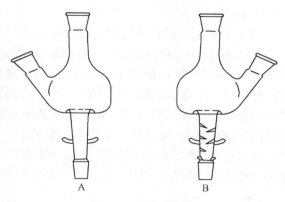

图 3-2　微型分馏头

A. 微型蒸馏头；B. 微型分离头

　　微型化学制备仪的其他部件多为常规仪器的缩微，其组合装置的操作规范仍与常规实验一致。值得注意的是在微型实验里要尽量发挥仪器的多种功能。例如微型离心试管既可用作微量试剂的反应器，与相应的蒸馏头或真空冷指组合成微型蒸馏装置或升华装置，还可用于萃取操作等。由于微型实验处理的物料量少，一般不用量筒计量液体，多采用吸量管、定量进样器（市售，医学检验常用）、注射器或毛细滴管（预先校准液滴体积）等来进行液体计量，需更高的精确度则用微量天平称量。液体的转移也常籍毛细滴管或注射器来实现，充分利用毛细滴管这一价廉的器件，发挥其功能是做好微型实验的一项措施。根据需要，有时可把玻璃滴管的毛细管加工成弯曲形或胖肚形（图 3-4）。

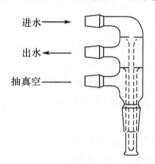

进水 →

出水 ←

抽真空 →

图 3-3　真空指形冷凝器

图 3-4　玻璃滴管（胖肚形）

　　为避免微型成套仪器磨砂接口润滑剂对反应瓶中物质的污染，现摸索到在密封接口时不用凡士林等润滑剂，而是绕上一圈聚四氟乙烯脱脂薄膜（俗称生料带），然后拧紧的办法，生料带具有很好的密封性，耐腐蚀，可在 −200 ~ +250℃ 下使用。用反向拧松的办法来拆卸此种连接头。

　　2. 成套微型玻璃仪器简介　蒸馏是分离和提纯有机化合物的常用手段。根据有机化合物性质不同，在具体运用上分为常压蒸馏、分馏、水蒸气蒸馏和减压蒸馏。

　　（1）常压蒸馏：常压蒸馏就是在常压下将液态物质加热到沸腾变为蒸气，又将蒸气冷凝为液体这两个过程的联合操作。如蒸馏沸点差别较大的液体混合物时，沸点较低者先蒸出，沸点较高者随后蒸出，不挥发的留在蒸馏器中，这样可达到分离和提纯的目的。

　　常压蒸馏一般适用于液体混合物中各组分的沸点有较大差别时的分离。

　　在微型化学实验中，对于 5~6mL 液体进行常压蒸馏时可用常量蒸馏的微缩装置，如图

3-5A 所示。

对于 4mL 以下液体进行常压蒸馏时,可用微型蒸馏头进行蒸馏,如图 3-5B 所示。此装置由 5mL 或 10mL 圆底烧瓶、微型蒸馏头、冷凝管和微型温度计组成。液体在圆底烧瓶中受热气化,在蒸馏头和冷凝管中被冷却,冷凝下来的液体沿壁流下,聚集于蒸馏头的承接阱中。将温度计的水银液面与承接阱口齐平,可读出馏液的沸程。蒸馏结束,取下冷凝管,用毛细滴管从侧口吸出馏出液。如还需将高沸点馏分蒸出,可在低沸点馏分蒸完,温度下降时,停止加热,冷却,迅速换一个蒸馏头重新加热蒸馏出高沸点馏分。

在具体操作时,可根据馏分沸点的不同采用不同的冷凝管。当馏分沸点在 140℃ 以下时,采用一般的水冷凝管;当馏分沸点高于 140℃ 时,宜采用空气冷凝管,见图 3-5C 所示。

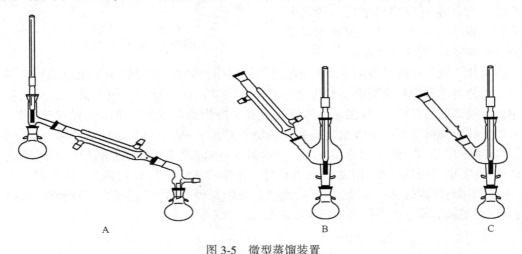

A   B   C

图 3-5　微型蒸馏装置

A. 针对 5~6mL 液体;B. 针对 4mL 以下液体;C. 对于馏分沸点高于 140℃ 时

(2)分馏:对于沸点相近的液态化合物,仅用一次蒸馏不可能把各组分完全分开。若要获得较纯组分,则必须进行多次蒸馏。这样既费时,液体损失量又大。要获得良好分离,通常要采用分馏的方法。

利用分馏柱进行分馏,实际上就是在分馏柱内使混合物进行多次气化和冷凝。当上升的蒸气与下降的冷凝液互相接触时,上升的蒸气部分冷凝放出热量使下降的冷凝液部分气化,两者发生热量交换。其结果是上升蒸气中易挥发组分增加,而下降的冷凝液中的高沸点组分增加,如此进行多次的气液平衡,即达到了多次蒸馏的效果。当分馏柱的柱效足够时,从分馏柱顶部出来的几乎是纯净的易挥发组分,而高沸点组分则残留在烧瓶中。

若混合液体积较大,各组分沸点相差较小时,可用空气冷凝管作为分馏柱体,管内装填适当的填料如小玻璃珠,管外包裹保温材料来进行分馏,如图 3-6 所示。

如进行液体量少于 4mL、沸点差大于 50℃ 的混合液体的分离提纯,可用微型分馏装置进行分馏。微型分馏装置如图 3-7 所示。微型分馏头下部具有类似韦氏分馏柱的刺形结构,经测定,微型分馏头的分馏效果可与常量法中 20~30cm 长的韦氏分馏柱相似。

(3)水蒸气蒸馏:水蒸气蒸馏操作是将水蒸气通入含有不溶或难溶于水但有一定挥发性的有机物质的混合物中,使该有机物在低于 100℃ 的温度下随水蒸气一起蒸馏出来。两种互不相溶的液体混合物的蒸气压等于两液体单独存在时的蒸气压之和。当组成混合物的两液体的蒸气压之和等于大气压力时,混合物开始沸腾。互不相溶的液体混合物的沸点,要比每一物质单独存在时的沸点低。因此在含有不溶于水且有一定挥发性的有机物质的混合物中,通入水蒸气进行水蒸气蒸馏时,在低于该物质的沸点及水的沸点(100℃)的某一温度下可使该物质和水一起被蒸馏出来,从而使该物质与混合物分离。

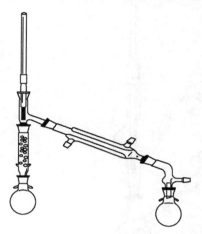

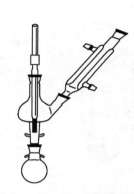

图 3-6 用分离柱进行分离　　　　图 3-7 用微型分离头进行简单分离

水蒸气蒸馏常用于下列各种情况:①混合物中含有大量的固体,通常的蒸馏、过滤、萃取等方法都不适用;②混合物中含有焦油状物质,采用通常的蒸馏、萃取等方法非常困难;③在常压下,蒸馏会发生分解的高沸点有机物质。

如仅需 5mL 以下水量就可以完成的水蒸气蒸馏,则可用简易水蒸气蒸馏装置,即将 5mL 水加入烧瓶中,煮沸蒸馏就可达到很好的效果,如图 3-8 所示。

对于需 5~10mL 以上水量才能完成的水蒸气蒸馏,可用常量水蒸气蒸馏的微缩装置,如图 3-9 所示。

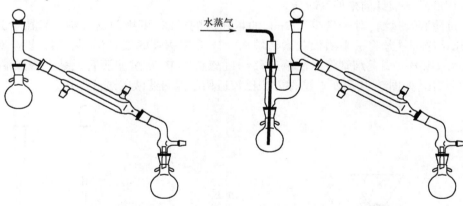

图 3-8 简易水蒸气蒸馏装置　　　　图 3-9 微型水蒸气蒸馏装置

也可用如图 3-10 装置,根据所需水量选择二口烧瓶,使产生的水蒸气通入装有待蒸馏物质的具支试管中,馏出液经冷凝收集。

(4)减压蒸馏:减压蒸馏适用于那些在常压下蒸馏往往会发生部分分解的有机化合物及一些高沸点化合物的分离和提纯。

微型减压蒸馏实验装置由圆底烧瓶、微型蒸馏头、温度计、真空冷指及减压蒸馏毛细管组成,装置如图 3-11A 所示。因微型实验物量很小,也可以通过电磁搅拌来达到防止爆沸的目的。若仅需减压蒸去溶剂而不需测定沸点进行减压蒸馏时,用微型蒸馏头配以真空冷指即可。装置如图 3-11B 所示。减压蒸馏时,在真空冷指的抽气指处应接有安全瓶,安全瓶分别与测压计、真空泵连接并带有活塞以调节体系真空度及通大气。

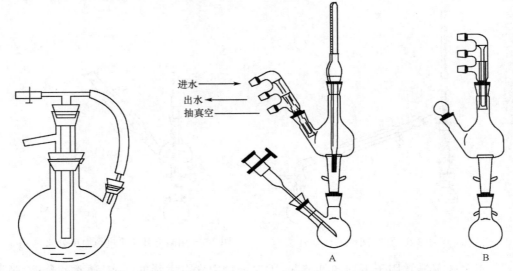

进水
出水
抽真空

A
B

图 3-10　少量水蒸气蒸馏装置　　　　图 3-11　减压蒸馏装置
A. 微型减压蒸馏装置;B. 微型蒸馏头配以真空冷指

（5）过滤

1）抽滤:用带玻璃钉的漏斗配以 10mL 吸滤瓶、真空泵抽滤。抽滤前,需在玻璃钉上放置一直径略大于玻璃钉尾部平面的滤纸,用溶剂润湿之,并抽气使其紧贴漏斗以免过滤时固体从滤纸与漏斗壁间漏下,装置如图 3-12 所示。当真空度要求不高时,微型仪器整个容量小,可用洗耳球或针筒来使其减压。

2）过滤滴管过滤:对于量少于 2mL 的悬浊液的过滤,可用两支毛细滴管配合进行过滤。即用干净细铁丝将一小团棉花紧密填入一支毛细滴管的细管中,制成过滤滴管,如图 3-13 所示。用另一支毛细管将悬浊液转移到过滤滴管中,在过滤滴管上装上橡胶滴头,将滤液轻轻挤出,如图 3-14 所示。这种方法比较适用于保留滤液的过滤操作。

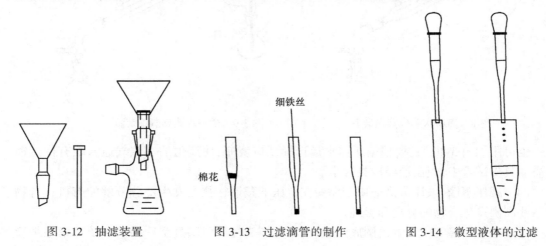

细铁丝

棉花

图 3-12　抽滤装置　　　图 3-13　过滤滴管的制作　　　图 3-14　微型液体的过滤

3）离心过滤:此方法是将盛有混合物的离心试管放入离心机进行离心沉淀,使固体沉降到离心试管底部,然后用滴管吸去上面清液。这种方法比较适用于保留固体的过滤操作。如图 3-15 所示。

4）热过滤:微量液体的热过滤可用过滤滴管过滤。即用细端填有棉花的过滤滴管吸取热的过滤液,然后将带有棉花的细管部分截去,再将滤液转移到干净容器中即可。也可取一段长短合适的玻璃管,在其靠近一端处熔融拉细制成一带有喇叭口的毛细滴管,在喇叭口里塞进一小团棉花,滴管上部套上橡胶滴头,如图 3-16 所示,然后从喇叭口吸取热溶液进行过滤,再用镊子除去过滤用的棉花,将滤液转移至干净容器中即可。有时热过滤也可按减压过滤的方法来操作。

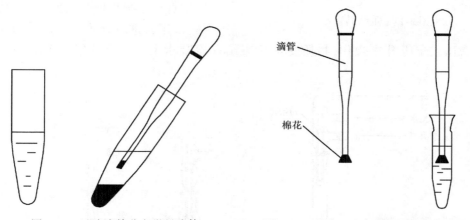

图 3-15 过滤滴管分离微量液体　　　图 3-16 喇叭口过滤滴管的制作和过滤

（6）重结晶:重结晶提纯法的原理是利用混合物中各组分在某种溶剂中的溶解度不同而使它们相互分离。重结晶提纯法是固态有机物精制的重要方法之一。重结晶提纯法的一般过程为:

1）选择合适的溶剂:溶剂必须符合下面条件:①不与重结晶物质发生化学反应;②在高温时,重结晶物质在溶剂中的溶解度较大,而在低温时则很小;③能使溶解性杂质保留在母液中;④容易和重结晶物质分离。

2）将粗产物溶于适宜的热溶剂中制成饱和溶液:固体的溶解应视溶剂的性质不同而选择不同的加热和操作方式,如乙醚作溶剂时必须避免直火加热,用易挥发的有机溶剂溶解则应在回流操作下进行。

3）脱色:如溶液中存在有色杂质则应先加入活性炭,加热数分钟进行脱色处理。活性炭的用量以能完全除去颜色为度。活性炭应在溶液沸点以下加入。在加热时,应不时搅拌,以免爆沸。

4）采用热过滤装置趁热除去不溶性杂质。

5）冷却或蒸发滤液,使之慢慢析出结晶而杂质留在母液中。

6）结晶析出后,用玻璃钉漏斗抽滤、洗涤收集重结晶产物。一般用 5～10mL 锥形瓶进行热溶解,脱色、热过滤后冷却析出结晶,抽滤、洗涤得重结晶产物。

7）当重结晶的物质的量在 10～100mg 时,也可用 Mayo 的重结晶管法进行重结晶。将粗产品热溶解,经脱色、热过滤后,滤液用重结晶管收集,冷却或蒸发溶剂,使结晶析出,然后插上重结晶管的上管,放入离心试管中,离心后滤液流入试管中,而结晶则留在重结晶管

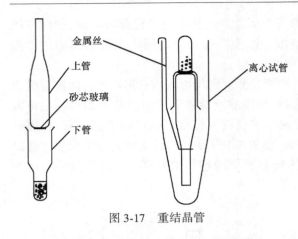

图 3-17　重结晶管

的砂芯玻璃上,借助于系在重结晶管上管的金属丝将重结晶管从离心试管中取出,如图 3-17 所示。

（7）升华:具有较高蒸气压的固体有机物受热后往往不经过熔融状态而直接变成蒸气,蒸气遇冷后又直接变成固体,这种过程叫升华。容易升华的物质中含有杂质时,可以用升华的方法进行精制,所得产物纯度较高。

微型真空冷指集冷凝、抽真空的功能于一体,常用其进行升华实验。采用此装置可进行常压或减压升华操作,物质受热后凝结在冷凝指上。减压升华装置如图 3-18 所示。

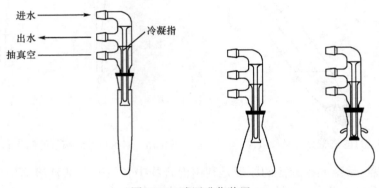

图 3-18　减压升华装置

（8）萃取:萃取也是分离和提纯有机化合物常用的操作之一。通常根据被萃取的物质呈液态或固态分为液-液萃取和固-液萃取。

1）液-液萃取:通常用分液漏斗来进行液-液萃取。当混合液体总量达 5mL 以上时,用 10ml 的分液漏斗操作较为方便。分液前,必须检查分液漏斗的顶塞和旋塞是否严密,以免分液漏斗在使用过程中发生泄漏而造成损失。

在微型实验中,若待分离液体仅 2~3mL 甚至只有几十微升时,用分液漏斗显然不很理想,可用离心试管和毛细滴管配合进行操作。具体方法是将待分离液体转移至合适的离心试管中,通过挤压毛细滴管的橡胶滴头充分鼓泡搅动,或将离心试管加盖后振荡,开塞放气使其充分混合后加塞静置分层,然后用毛细滴管将其中一层吸出,转移至另一离心试管中。如毛细滴管吸入混合液,可待管中液体静置分层后再将两层液体分别滴入不同的离心试管中。如图 3-19 所示。

2）固-液萃取:利用圆底烧瓶、微型蒸馏头和冷凝管（图 3-20）,将固体混合物研细后置于微型蒸馏头的承接阱中,在阱中加满溶剂,烧瓶中也加入适量的溶剂,加热后烧瓶中溶剂受热蒸发后又被冷凝流入承接阱中,承接阱中的溶剂随即溢出进入烧瓶中,如此反复便使混合物中的可溶性成分进入溶剂中而被萃取。

若被萃取物质的溶解度较小,可采用简易微型提取器（图 3-21）,即把待萃取固体放在折叠滤纸中,加热回流,使所要萃取的物质进入烧瓶中的溶剂中。也可在一烧瓶口熔接一玻璃勾,将一底部为砂芯制作的玻璃小吊篮悬挂其上,篮中放入待萃取的固体,烧瓶上口接冷凝管,组成简易索氏提取器(图3-22),加入所需溶剂,加热回流使有效成分进入溶剂中。

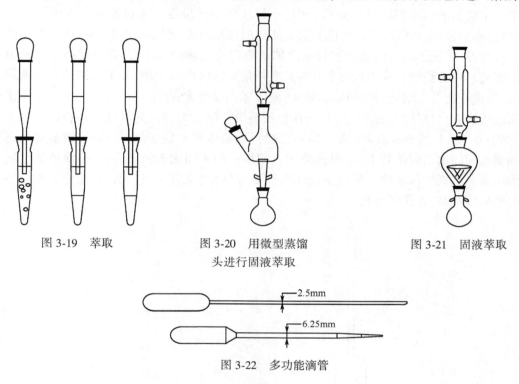

图 3-19　萃取　　　　图 3-20　用微型蒸馏　　　　图 3-21　固液萃取
　　　　　　　　　　　　头进行固液萃取

图 3-22　多功能滴管

二、常用无机化学、分析化学微型仪器简介

无机微型化学实验经常用到由高分子材料制作的一类微型仪器。它们制作精细规范,价格低廉,试剂用量少,不易破碎,易于普及。这是无机、普化(含中学化学)微型实验的一个特点,这类仪器主要是多用滴管和井穴板。

1. 多用滴管　由聚乙烯吹塑而成,是一个圆筒形的具有弹性的吸泡连接一根细长的径管而成(图3-22)。国外多用滴管的型号列于表3-2。

表 3-2　国外多用滴管

型号	吸泡体积/mL	径管直径/mm	径管长度/mm
AP1444	4	2.5	153
AP1445	8	6.3	150

注:国内生产的多用滴管类似 AP1444 型。吸泡体积为 4mL

多用滴管的基本用途是作滴液试剂瓶(图3-23),供学生实验时使用。一般浓度的无机酸、碱、盐溶液可长期储于吸泡中。浓硝酸等强氧化剂的浓溶液和浓盐酸等与聚乙烯有不同程度反应的试剂不宜长期储于吸泡中;甲苯、松节油、石油醚等对聚乙烯有溶解作用,不要储于多用滴管中。

市售多用滴管的液滴体积~0.04mL/滴。利用聚乙烯的热塑性,可以加热软化滴管的径管,拉细径管得到液滴体积~0.02mL/滴的滴管,用于一般的微型实验。按捏多用滴管的吸泡排出空气后便可吸入液体试剂,盖上自制的瓶盖,贴上标签后就是适用的试剂滴液滴瓶。对于一些易与空气中 O_2、CO_2 等反应的试剂储于多用滴管中,再熔封径管隔绝空气进入,即可长久保存也便于携带。

　　多用滴管的液滴体积经过标定后,便是小量液体的计量器。通过计量滴加液滴的滴数,就得知滴加试剂的体积。因此,已知液滴体积的多用滴管,便是一支简易的滴定管。使用者经过练习,掌握了从多用滴管连续滴出体积均匀的液滴的操作后,就可进行简易的微型滴定实验。决定滴管液滴体积的主要因素之一是滴管出口的大小,手工拉细的毛细滴管管壁薄,温度变化对毛细管口径的影响颇大,液滴体积要经常标定,比较麻烦。实践摸索出在多用滴管径管出口处,紧套上一个市售医用塑料微量吸液头(简称微量滴头)就组成一个液滴体积~0.02mL 的滴液滴管(图 3-24)。此时,液滴体积不易变化。将同一微量滴头逐一套到盛有不同试剂的滴管上,可得到液滴体积划一的不同试剂液滴。这时,滴液滴数之比即为所滴加试剂的体积比。采用微量滴头做滴定操作、反应级数、配合物配位数测定等实验的精确度提高,操作规范化。

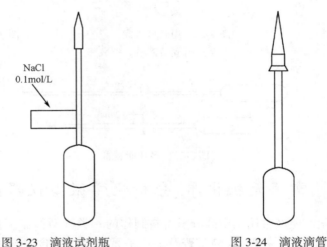

图 3-23　滴液试剂瓶　　　　　　　图 3-24　滴液滴管

　　多用滴管的径管经加热软化后可拉细做成毛细滴管(图 3-25)。若预先标定它的液滴体积(~50 滴/mL),则可通过液滴的数目较准确地计量出滴加液体的体积,这时它便成了少量液体滴加计量器和一个简易的微型滴定管,由于手工拉出的毛细管的管壁较薄,温度的变化对毛细管的影响颇大,液滴体积要经常校准,比较麻烦。但实践发现,在多用滴管径管上紧套一个市售医用塑料微量吸液头(简称微量滴头)就组合成液滴体积为 0.025mL 的毛细滴管(图 3-26),这时液滴体积不易变化,便于使用。

图 3-25　多用滴管径管的加工

使用多用滴管时,液体的量以"滴"计,1滴为
0.020~0.040mL,是常规实验液体计量单位 mL
的1/50左右,显著地节省了化学试剂。实践表
明,在大多数情况下点滴反应的现象明显,并容易

图 3-26 微量滴头 1 与多用滴管
2 组成的毛细滴管

观察到试剂用量对反应的影响。本示例体现了采用井穴板和多用滴管作微型实验的一些
特点:通过计量液滴滴数使实验定量或半定量化,便于进行系列对比或平行实验,操作简易
快速,易于重复,携带方便等。在无机、普通化学和中学化学微型实验中,井穴板和多用滴
管应用相当广泛。它们的特点是:①不能在高于50℃的温度下使用;②一些能与聚乙烯、聚
苯乙烯作用的有机溶剂如 CCl_4、$(CH_3)_2CO$ 等不能盛在这些器件中。

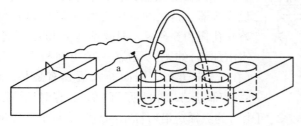

图 3-27 水的电解和氢氧爆鸣装置

多用滴管的吸泡还是一个反应容
器。在水的电解和氢氧爆鸣的实验
(图3-27)里,它就是一个微型电解槽,
径管起到导气管的作用,从而使实验
装置大为简化。许多化学反应也可在
吸泡中进行,反应的温度可通过水浴
调节,最高不要超过80℃。已盛有溶
液的滴管,要再吸进另一种溶液时,采

取径管朝上左手缓缓挤出吸泡中空气,擦干外壁后,右手再把径管朝下弯曲伸入欲吸溶
液(预先置于井穴板中),再松开左手的办法。此时,欲吸入溶液要预先按需用量置于井
穴板中,不允许已盛有溶液的滴管的径管直接插到储液瓶的液体中吸取试剂,以免对瓶
中试剂造成污染。

若试剂液体盛在100mL塑料洗瓶中,洗瓶尖
嘴上接上乳胶管,则可把装有该种试剂的多用滴
管,驱出空气后,使径管与滴管相连,多用滴管便
可吸进试剂并不会引起污染。这时,实验室教师
一般只需配500mL溶液(一级管理)分装到
100mL塑料瓶中,置于实验室供学生补充试剂用
(二级管理),学生本人有一套装在滴管中的试剂
自行保管。从而构成微型实验室试剂三级管理
体系。既规范管理方便师生使用又显著减少试
剂消耗量,收到"皆大欢喜"的效果。

多用滴管径管朝上,放入离心机中可进行离心
操作。多用滴管还可作滴液漏斗,它穿过塞子与具
支试管组合成气体发生器。总之,多用滴管的用途
确实很多,掌握了它的材料与结构特点、基本功能

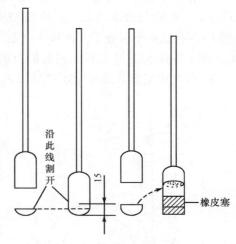

图 3-28 自制的 H_2S 气体发生器

与操作要领,开动脑筋,勇于实践,在不同的实验中它还能有不少新的用途。如用作微量
H_2S 的制备与燃烧装置等(图3-28)。

2. 井穴板 由透明的聚苯乙烯或有机玻璃(甲基丙烯酸甲酯聚合物),经精密注塑而
成。对井穴板的质量要求是一块板上各井穴的容积相同,透明度好,同一列井穴的透光率
相同。井穴板的种类与规格列于表3-3。

表 3-3　井穴板的种类与规格

井穴板的种类与规格	井穴容量/mL	主要应用范围	备注
96	0.3	医学检验	又称酶标板,简称 96 孔板
40	0.3	医学检验	
24	3	生化科研	均可在投影仪上使用
12	7	生化科研	
9	0.7	微型实验(替代试管、点滴板…)	经原国家教委鉴定,已列入
6	5	微型实验(用于电导、pH 测定…)	中学理科教学仪器目录

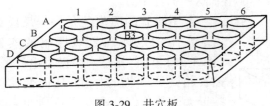

图 3-29　井穴板

井穴板是微型无机或普化实验的重要反应容器。常用的是9孔和6孔井穴板,简称9孔板和6孔板。温度不高于80℃(限于水浴加热)的无机反应,一般可在板上井穴(孔穴)中进行。因而井穴板具有烧杯、试管、点滴板、试剂储瓶等的功能,有时还可起到一组比色管的作用。由于井穴板上孔穴较多,可由板的纵横边沿所标示的数字给每个孔穴定位,如图 3-29 的 B3 穴。这样就便于向指定的井穴滴加规定的试剂。颜色改变或有沉淀生成的无机反应在井穴板上进行,现象明显,不仅操作者容易观察,而且通过投影仪还可作演示实验。对于一些由量变引起质变的系列对比实验,如指示剂的 pH 变色范围等实验尤其适用于 9 孔板。电化学实验、pH 测定等宜在 6 孔板中进行。如给 6 孔板的井穴中加上有导气和滴液导管的塞子,就使井穴板扩展为具有气体发生、气液反应或吸收功能的装置,如图 3-30 所示。

使用井穴板时应注意的是:①不能用直火加热,而要采用水浴间接加热,浴温不宜超过 80℃;②一些能与聚苯乙烯等反应的物质如芳香烃、氯化烃、酮、醚、四氢呋喃、二甲基甲酰胺或酯类有机物不得储于井穴板中(烷烃、醇类、油可放入)。如不清楚溶剂是否有作用,可取小滴该溶剂,滴在井穴板的侧面板上观察 15min 后,再放入井穴中。

3. 微型滴定管　微型滴定管见图 3-31,其使用方法如下:

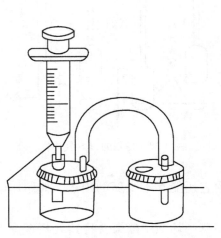

图 3-30　井穴盖的功能

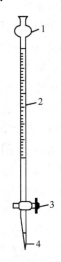

图 3-31　微型滴定管
1. 缓冲球;2. 刻度管;3. 旋塞(聚四氟乙烯);4. 塑料滴头

（1）洗涤：打开旋塞，用吸耳球将洗液吸入滴定管中，再用吸耳球将洗液吹出，反复进行。再用自来水、蒸馏水、滴定液依次用同法洗涤。

（2）装液：将滴定管塑料滴头伸入液体中约半厘米。打开活塞，左手持管上部，右手用洗耳球将液体从上口吸入管中至缓冲球中，关闭活塞，取下吸耳球。（液体不可以从上口注入，塑料滴头在吸取液体时不得高出液面。）慢慢打开活塞调节液面至"0"刻度线，旋进活塞，即可进行滴定操作。

操作方法、读数方法同常量操作。

第二节　化学实验基本操作内容

一、化学试剂的取用规则

1. 固体试剂的取用规则

（1）要用干净的药勺取用。用过的药勺必须洗净和擦干后才能再使用，以免玷污试剂。

（2）取用试剂后立即盖紧瓶盖。

（3）称量固体试剂时，必须注意不要取多，取多的药品，不能倒回原瓶。

（4）一般的固体试剂可以放在干净的纸或表面皿上称量。具有腐蚀性、强氧化性或易潮解的固体试剂不能在纸上称量，应放在玻璃容器内称量。

（5）有毒的药品要在教师的指导下处理。

2. 液体试剂的取用规则

（1）从滴瓶中取液体试剂时，要用滴瓶中的滴管，滴管绝不能伸入所用的容器中，以免接触器壁而玷污药品。从试剂瓶中取少量液体试剂时，则需要专用滴管。装有药品的滴管不得横置或滴管口向上斜放，以免液体滴入滴管的胶皮帽中。

（2）从细口瓶中取出液体试剂时，用倾注法。先将瓶塞取下，反放在桌面上，手握住试剂瓶上贴标签的一面，逐渐倾斜瓶子，让试剂沿着洁净的试管壁流入试管或沿着洁净的玻璃棒注入烧杯中。取出所需量后，将试剂瓶扣在容器上靠一下，再逐渐竖起瓶子，以免遗留在瓶口的液体滴流到瓶的外壁。

（3）在试管里进行某些不需要准确体积的实验时，可以估计取出液体的量。例如用滴管取用液体时，1cm 相当于多少滴，5cm 液体占一个试管容器的几分之几等。倒入试管里的溶液的量，一般不超过其容积的1/3。

（4）定量取用液体时，用量筒或移液管取。量筒用于量度一定体积的液体，可根据需要选用不同量度的量筒。

二、常用玻璃仪器的洗涤

1. 洗涤要求　除了 H_2O 以外无其他任何杂物；在玻璃仪器壁上留有均匀的一层水膜，而不挂水珠。

2. 洗涤方法

（1）用毛刷洗：用毛刷刷洗仪器，可以去掉仪器上附着的尘土、可溶性物质和易脱落的不溶性杂质。

（2）用去污粉洗：去污粉是由碳酸钠、白土、细沙等混合而成的。将要洗的容器先用水湿润（必须用少量水），然后撒入少量去污粉，再用毛刷擦洗，它是利用碳酸钠的碱性具有强的去污能力，细沙的摩擦作用，白土的吸附作用，增强了对仪器的清洗效果。仪器内外壁经擦洗后，先用自来水洗去去污粉颗粒，然后用蒸馏水洗三次，去掉自来水中带来的钙、镁、铁、氯离子等。每次蒸馏水的用量要少些，注意节约（采取"少量多次"的原则）。

（3）用铬酸洗液洗：这种洗液是由浓硫酸和重铬酸钾配制而成的（通常将 $25gK_2Cr_2O_7$ 置于烧杯中，加 50mL 水溶解，然后在不断搅拌下，慢慢加入 450mL 浓硫酸），呈深褐色，具有强酸性、强氧化性，对有机物、油污等的去污能力特别强。在进行精确定量实验时，对口小、管细难以用刷子机械地刷洗仪器，可用洗液来洗。洗涤时装入少量洗液，将仪器倾斜转动，使管壁全部被洗液湿润。转动一会儿后倒回原洗液瓶中，再用自来水把残留在仪器中的洗液洗去，最后用少量的蒸馏水洗 3 次。如果用洗液浸泡仪器或把洗液加热，其效果会更好。使用洗液时，应注意以下几点：①尽量把仪器内的水倒掉，以免把洗液冲稀。②洗液用完后应倒回原瓶内，可反复使用。③洗液具有强的腐蚀性，会灼伤皮肤，破坏衣物，如不慎把洗液洒在皮肤、衣物和桌面上，应立即用水冲洗。④已变成绿色的洗液（重铬酸钾还原为硫酸铬的颜色），无氧化性，不能继续使用。⑤铬（Ⅵ）有毒，清洗残留在仪器上的洗液时，第一、二遍的洗涤水不要倒入下水道，应回收处理。

用以上各种方法洗涤后的仪器，经自来水冲洗后，往往还残留有 Ca^{2+}，Mg^{2+}、SO_4^{2-} 等离子，如果实验中不允许这些杂质存在，则应该用蒸馏水或去离子水把它们洗去。洗涤时，应按"少量多次"的原则，一般以 3 次为宜。已洗干净的仪器应该清洁透明的，当把仪器倒置时，器壁上只留下一层既薄又均匀的水膜，而器壁不挂水珠。

凡是已经洗净的仪器，决不能用布或纸擦干，否则，布或纸上的纤维将会附着在仪器上。

（4）根据所沾污物的特性，有针对性地选择合适的试剂洗。如：MnO_2 选用 HCl 洗涤；Ag 选用 HNO_3 洗涤。

三、仪器的干燥方法

1. 烘干　洗净的仪器可以放在电热干燥箱（烘箱）内烘干，但放进去之前应尽量把水倒净。放置仪器时，应注意使仪器的口朝下（倒置后不稳的仪器则应平放）。可以在电热干燥箱的最下层放一个搪瓷盘，以接受从仪器上滴下的水珠，不使水滴到电炉丝上，以免损坏电炉丝。

2. 烤干　烧杯或蒸发皿可以放在石棉网上用小火烤干。试管可以直接用小火烤干，操作时，试管要略为倾斜，管口向下，并不时地来回移动试管，把水珠赶掉。

3. 晾干　洗净的仪器可倒置在干净的实验柜内仪器架上（倒置后不稳定的仪器如量筒等，则应平放），让其自然干燥。

4. 吹干　用压缩空气或吹风机把仪器吹干。

5. 用有机溶剂干燥　一些带有刻度的计量仪器，不能用加热方法干燥，否则，会影响仪器的精密度。我们可以用一些易挥发的有机溶剂（如乙醇或乙醇与丙酮的混合液）加到洗净的仪器中（量要少），把仪器倾斜，转动仪器，使器壁上的水与有机溶剂混合，然后倾出，少量残留在仪器内的混合液，很快挥发使仪器干燥。

四、溶解、结晶、固液分离

1. 固体的溶解　溶解固体时,常用加热、搅拌等方法加快溶解速度。当固体物质溶解于溶剂时,如固体颗粒太大,可在研钵中研细。对一些溶解度随温度升高而增加的物质来说,加热对溶解过程有利。搅拌可加速溶质的扩散,从而加快溶解速度。搅拌时注意手持玻棒,轻轻转动,使玻棒不要触及容器底部及器壁。在试管中溶解固体时,可用振荡试管的方法加速溶解,振荡时不能上下,也不能用手指堵住管口来回振荡。

2. 结晶

(1) 蒸发(浓缩):当溶液很稀而所制备的物质的溶解度又较大时,为了能从中析出该物质的晶体,必须通过加热,使水分不断蒸发,溶液不断浓缩。蒸发到一定程度时冷却,就可析出晶体。当物质的溶解度较大时,必须蒸发到溶液表面出现晶膜时才停止。当物质的溶解度较小或高温时溶解度较大而室温时溶解度较小,此时不必蒸发到液面出现晶膜就可冷却。蒸发是在蒸发皿中进行,蒸发的面积较大,有利于快速浓缩。若无机物对热是稳定的,可以直接加热(应先预热),否则用水浴间接加热。

(2) 结晶与重结晶:大多数物质的溶液蒸发到一定浓度下冷却,就会析出溶质的晶体。析出晶体的颗粒大小与结晶条件有关。如果溶液的浓度较高,溶质在水中的溶解度随温度下降而显著减小时,冷却得越快,那么析出的晶体就越细小,否则就得到较大颗粒的结晶。搅拌溶液和静止溶液,可以得到不同的效果,前者有利于细小晶体的生成;后者有利于大晶体的生成。如溶液容易发生过饱和现象,可以用搅拌、摩擦器壁或投入几粒晶体(晶核)等办法,使其形成结晶中心,过量的溶质便会全部析出。如果第一次结晶所得物质的纯度不合要求,可进行重结晶。其方法是在加热情况下使纯化的物质溶于一定量的水中,形成饱和溶液,趁热过滤,除去不溶性杂质,然后使滤液冷却,被纯化物质即结晶析出,而杂质则留在母液中,过滤便得到较纯净的物质。若一次重结晶达不到要求,可再次结晶。重结晶是提纯固体物质常用的方法之一,它适用于溶解度随温度有显著变化的化合物,对于其溶解度受温度影响很小的化合物则不适用。

3. 固-液分离及沉淀洗涤　溶液与沉淀的分离方法有三种:倾析法、过滤法、离心分离法。

(1) 倾析法:当沉淀的比重或重结晶的颗粒较大,静止后能很快沉降至容器的底部时,常用倾析法进行分离和洗涤。将沉淀上部的溶液倾入另一容器中而使沉淀与溶液分离。如需洗涤沉淀时,只要向盛沉淀的容器内加入少量洗涤液,将沉淀和洗涤液充分搅拌均匀,待沉淀沉降到容器的底部后,再用倾析法倾去溶液。如此反复操作两三次,即能将沉淀洗净。为了把沉淀转移到滤纸上,先用洗涤液将沉淀搅起,将悬浮液立即按上述方法转移到滤纸上,这样大部分沉淀就可从烧杯中移走,然后用洗瓶中的水冲下杯壁和玻璃棒上的沉淀,再行转移。

(2) 过滤法:过滤法是固-液分离较常用的方法之一。溶液和沉淀的混合物通过过滤器(如滤纸)时,沉淀留在滤纸上,溶液则通过过滤器,过滤后所得到的溶液叫滤液。溶液的黏度、温度、过滤时的压力及沉淀物的性质、状态、过滤器孔径大小都会影响过滤速度。热溶液比冷溶液容易过滤。溶液的黏度越大,过滤越慢。减压过滤比常压过滤快。如果沉淀呈胶体状态,不易穿过一般过滤器(滤纸),应先设法将胶体破坏(如用加热法)。总之,要考虑各个方面的因素来选择不同的过滤方法。常用的过滤方法有常压过滤、减压过滤两种。

1) 常压过滤:先把一圆形或方形滤纸对折两次成扇形,展开后呈锥形,恰能与60°角的漏斗相密合。如果漏斗的角度大于或小于60°,应适当改变滤纸折成的角度使之与漏斗相密合。然后在三层滤纸的那边将外两层撕去一小角,用食指把滤纸按在漏斗内壁上,用少量蒸馏水润湿滤纸,再用玻璃棒轻压滤纸四周,赶去滤纸与漏斗壁间的气泡,使滤纸紧贴在漏斗壁上。滤纸边缘应略低于漏斗边缘。过滤时一定要注意以下几点,漏斗要放在漏斗架上,要调整漏斗架的高度,以使漏斗管的末端紧靠接受器内壁。先倾倒溶液,后转移沉淀,转移时应使搅棒。倾倒溶液时,应使搅棒接触三层滤纸处,漏斗中的液面应略低于滤纸边缘。如果沉淀需要洗涤,应待溶液转移完毕,将上方清液倒入漏斗。如此重复洗涤两三遍,最后把沉淀转移到滤纸上。

2）减压过滤（简称"抽滤"）：减压过滤可缩短过滤时间,并可把沉淀抽得比较干燥,但它不适用于胶状沉淀和颗粒太细的沉淀的过滤。利用水泵中急速的水流不断将空气带走,从而使吸滤瓶内的压力减小,在布氏漏斗内的液面与吸滤瓶之间造成一个压力差,提高了过滤的速度。在连接水泵的橡皮管和吸滤瓶之间安装一个安全瓶,用以防止因关闭水阀或水泵后流速的改变引起自来水倒吸,进入吸滤瓶将滤液玷污并冲稀。

（3）离心分离法：略。

五、常用玻璃仪器

1. 移液管
（1）移液管的分类。
（2）移液管洗涤。
（3）移液管使用。
2. 酸式滴定管
（1）酸式滴定管的洗涤。
（2）酸式滴定管活塞涂凡士林。
（3）酸式滴定管的读数、排气泡及滴定操作。
3. 碱式滴定管
（1）碱式滴定管的洗涤。
（2）碱式滴定管的读数、排气泡及滴定操作。
4. 容量瓶
（1）检查容量瓶的瓶口是否漏水。
（2）容量瓶的洗涤。
（3）容量瓶的使用。

六、重铬酸钾硫酸洗液

重铬酸钾硫酸洗液通常称为洗洁液或洗液,其成分主要为重铬酸钾与硫酸,是强氧化剂。因其有很强的氧化力,一般有机物如血、尿、油脂等类污迹可被氧化而除净。事先将溶液稍微加热,则效力更强。新鲜铬酸洗液为棕红色,若使用的次数过多,重铬酸钾就被还原为绿色的铬酸盐,效力减小,此时可加热浓缩或补加重铬酸钾,仍可继续使用。

配方：
稀洗液：重铬酸钾 10g,粗浓硫酸 200mL,水 100mL。

浓洗液:重铬酸钾 20g,粗浓硫酸 350mL,水 40mL。

稀洗液的配法:先取粗制重铬酸钾 10g,放于大烧杯内,加普通水 100mL 使重铬酸钾溶解(必要时可加热溶解)。再将粗制浓硫酸(200mL)缓缓沿边缘加入上述重铬酸钾溶液中即成。加浓硫酸时须用玻璃棒不断搅拌,并注意防止液体外溢。若用瓷桶大量配制,注意瓷桶内面必须没有掉瓷,以免强酸烧坏瓷桶。配时切记,不能把水加于硫酸内(将因硫酸遇水瞬间产生大量的热量使水沸腾,体积膨胀而发生爆溅)。

使用时先将玻皿用肥皂水洗刷 1~2 次,再用清水冲净倒干,然后放入洗液中浸泡约 2小时,有时还需加热,提高清洁效率。经洗液浸泡的玻皿,可先用自来水冲洗多次,然后再用蒸馏水冲洗 1~2 次即可。

附有蛋白质类或血液较多的玻皿,切勿用洗液,因易使其凝固,更不可对有如乙醇、乙醚的容器用洗液洗涤。洗液对皮肤、衣物等均有腐蚀作用,故应妥善保存。使用时带保护手套。为防止吸收空气中的水分而变质,洗液贮存时应加盖。

第二部分

微型普通化学实验

第四章　基本化学原理实验

实验一　化学反应速率和活化能的测定

一、实 验 目 的

1. 了解浓度、温度对化学反应速率的影响。
2. 测定过二硫酸铵与碘化钾的反应速率,并计算该反应在一定温度下的反应速率常数、反应的活化能和反应级数。
3. 学习微型实验定量加液的操作。

二、实 验 原 理

在水溶液中过二硫酸铵和碘化钾反应的方程式为

$$(NH_4)_2S_2O_8 + 3KI = (NH_4)_2SO_4 + K_2SO_4 + KI_3 \tag{4-1-1}$$

其离子方程式是

$$S_2O_8^{2-} + 3I^- = 2SO_4^{2-} + I_3^- $$

根据速率方程,其反应速率 v 可表示为

$$v = \frac{dc(S_2O_8^{2-})}{dt} = kc(S_2O_8^{2-})^{\alpha}c(I^-)^{\beta} \tag{4-1-2}$$

式中,$dc(S_2O_8^{2-})$—$S_2O_8^{2-}$ 在 dt 时间内浓度的改变量;$c(S_2O_8^{2-})$ 和 $c(I^-)$ 分别为 $S_2O_8^{2-}$ 和 I^- 的浓度;k 为应速率常数;v 是在此条件下反应的瞬时速率,若 $c(S_2O_8^{2-})$、$c(I^-)$ 是起始浓度,则 v 表示起始速率。k 是速率常数,α 和 β 之和是反应级数。

实验能测定的速率是在一段时间(Δt)内反应的平均速率 $\bar{v}$。如果在 Δt 时间内 $S_2O_8^{2-}$ 浓度的改变为 $\Delta c(S_2O_8^{2-})$,则平均速率

$$\bar{v} = \frac{-\Delta c(S_2O_8^{2-})}{\Delta t} \tag{4-1-3}$$

若控制 Δt 很小,则反应物浓度的变化很小,可以近似地用平均速率代替起始速率。

$$\lim_{\Delta t \to 0} \bar{v} = \frac{-\Delta c(S_2O_8^{2-})}{\Delta t} = kc(S_2O_8^{2-})^{\alpha}c(I^-)^{\beta} \tag{4-1-4}$$

为了能够测出反应在 Δt 时间内 $S_2O_8^{2-}$ 浓度的改变值,需要在混合 $(NH_4)_2S_2O_8$ 和 KI 溶液的同时,注入一定体积的浓度已知的 $Na_2S_2O_3$ 溶液和淀粉溶液,这样在反应(4-1-1)进行的同时还进行下面的反应

$$2S_2O_3^{2-} + I_3^- = S_4O_6^{2-} + 3I^- \tag{4-1-5}$$

这个反应进行得非常快,几乎瞬间完成,而反应(4-1-1)比反应(4-1-5)慢得多,因此由反应(4-1-1)生成的 I_3^- 立即与 $S_2O_3^{2-}$ 反应,生成无色的 $S_4O_6^{2-}$ 和 I^-。所以在反应的开始阶段看不到碘与淀粉反应显示特有的蓝色。一旦 $Na_2S_2O_3$ 耗尽,反应(4-1-1)继续生成的 I_3^- 就与淀粉反应而呈现出特有的蓝色。

从反应(4-1-1)和(4-1-5)的关系可以看出 $S_2O_8^{2-}$ 减少的物质的量为 $S_2O_3^{2-}$ 减少的物质的量的 1/2。由于在 Δt 时间内 $S_2O_3^{2-}$ 基本上全部耗尽,故有下列关系

$$\Delta c(S_2O_8^{2-}) = \frac{1}{2}\Delta c(S_2O_3^{2-}) = -\frac{1}{2}c(S_2O_3^{2-})_{始}$$

记下从反应开始到溶液显出蓝色所需的时间 Δt,就可求出反应速率

$$v = \frac{-\Delta c(S_2O_8^{2-})}{\Delta t} = \frac{\Delta c(S_2O_3^{2-})_{始}}{2\Delta t} \qquad (4-1-6)$$

实验测定 α 和 β 值的方法如下:

保持 $C(I^-)$ 不变,式(4-1-2)两边取对数,则

$$\lg v = \alpha \lg c(S_2O_8^{2-})_{始} + 常数 \qquad (4-1-7)$$

测定 $(NH_4)_2S_2O_8$ 初始浓度不同时的 v,以 $\lg v$ 为纵坐标,以 $\lg c(S_2O_8^{2-})$ 为横坐标作图,斜率即为 α。

同样,保持 $c(S_2O_8^{2-})$ 不变

$$\lg v = \beta \lg c(I^-)_{始} + 常数 \qquad (4-1-8)$$

测定 KI 初始浓度不同时的 v,以 $\lg v$ 为纵坐标,以 $\lg c(I^-)$ 为横坐标作图,斜率即为 β。

实验测得 $\alpha+\beta$,即为过二硫酸根氧化碘离子的反应级数。

已知反应级数,则通过式(4-1-2)可求出反应速率常数 k。

反应的活化能 E_a 和反应速率常数及温度的关系由阿累尼乌斯(Arrhenius)公式表示

$$\lg k = -\frac{E_a}{2.30RT} + B \qquad (4-1-9)$$

式中,R 为摩尔气体常数;B 是常数项;E_a 的单位是 $J \cdot mol^{-1}$。

实验测出不同温度下反应(4-1-1)的反应速率常数,以 $\lg k$ 为纵坐标,$1/T$ 为横坐标作图,得到一条直线,其斜率即为 $-\dfrac{E_a}{2.30RT}$,求出此斜率便可算得反应活化能。

三、仪器和药品

1. 仪器　0.3mL 井穴板(方案 I 使用)或 5mL 井穴板两块(方案 II 使用),多用滴管,微量滴头,搅拌棒,恒温水浴锅,秒表,温度计。

2. 药品　$(NH_4)_2S_2O_8$($0.20mol \cdot L^{-1}$),KI($0.20mol \cdot L^{-1}$),$(NH_4)_2SO_4$($0.20mol \cdot L^{-1}$,$0.010mol \cdot L^{-1}$),KNO_3($0.20mol \cdot L^{-1}$),$Na_2S_2O_3$($0.010mol \cdot L^{-1}$),淀粉(0.2%)。

四、实 验 内 容

(一)方　案　I

试剂用量以滴计,通过滴数的改变来调节反应物的浓度变化。操作时要求对定量滴加试剂溶液这一微型实验的基本操作有较熟练的技巧。

1. 测定反应物起始浓度不同时的反应速率　在室温下,把同一个微量滴头,逐一套到盛有各种反应试剂溶液的各个多用滴管上,按表 4-1 顺序(a~g)及用量,滴加各种试剂到指定的孔穴中,为避免反复更换冲洗微量滴头,可把某一种试剂依次加到 5 个孔穴中,再加另一种试液。

表 4-1　反应物起始浓度改变时的反应速率

顺序	试剂用量	孔穴编号	1	2	3	4	5
a	$0.20\,mol \cdot L^{-1}\,KI$	加入滴数	4	4	4	2	1
b	$0.010\,mol \cdot L^{-1}\,Na_2S_2O_3$		4	2	1	2	1
c	0.2%淀粉溶液		1	1	1	1	1
d	$0.20\,mol \cdot L^{-1}\,KNO_3$		0	0	0	2	1
e	$0.20\,mol \cdot L^{-1}\,(NH_4)_2SO_4$		0	2	3	0	0
f	$0.010\,mol \cdot L^{-1}\,(NH_4)_2SO_4$		0	2	3	2	2
g	$0.20\,mol \cdot L^{-1}\,(NH_4)_2S_2O_8$		4	2	1	4	4
起始浓度 $mol \cdot L^{-1}$	$S_2O_8^{2-}$						
	KI						
	$S_2O_3^{2-}$						
$\Delta t/s$							
$\Delta c(S_2O_8^{2-})/(mol \cdot L^{-1})$							
$v/(mol \cdot L^{-1} \cdot s^{-1})$							

为了使每次实验中溶液的离子强度和总体积保持不变,在 $2^{\#}$、$5^{\#}$孔穴中分别滴加适量的 KNO_3 和 $(NH_4)_2SO_4$ 以平衡 KI、$(NH_4)_2S_2O_8$、$Na_2S_2O_3$ 用量的变化,当顺序 f 的溶液加入后,将孔穴内溶液搅匀,把上述微量滴头冲洗干净后套到盛有 $(NH_4)_2S_2O_8$ 溶液的滴管上,按顺序 g 的用量,连续准确地把 $(NH_4)_2S_2O_8$ 滴加到指定孔穴中去,同时按动秒表并不断搅拌。注意观察,当溶液刚出现蓝色时,按停秒表,记录反应时间(以秒为单位)和室温。

按同样操作,逐一测出各孔穴中溶液的反应时间。

2. 测定不同温度下的反应速率　按表 4-1 中 $3^{\#}$孔穴的用量,把 KI、$Na_2S_2O_3$、KNO_3、$(NH_4)_2SO_4$ 和淀粉溶液分别加到 0.3mL 孔穴板的 $6^{\#}$、$7^{\#}$孔穴中,然后将井穴板和盛有 $(NH_4)_2S_2O_8$ 的多用滴管的吸泡小心放入恒温水浴中,并控制水浴温度低于室温 10℃,待井穴板中溶液温度与水浴温度一致时,迅速将 $(NH_4)_2S_2O_8$ 滴加到井穴 $6^{\#}$中,同时计时并搅拌溶液。当溶液刚出现蓝色时,记录反应时间及水浴温度。

升高恒温水浴温度至室温 10℃,类似以上操作,把 $(NH_4)_2S_2O_8$ 加到井穴 $7^{\#}$中。实验数据记入表 4-2。

表 4-2　不同温度下的反应速率

孔穴编号	3	6	7
反应温度 $T/℃$			
反应时间 $\Delta t/s$			
反应速率 $v/(mol \cdot L^{-1} \cdot s^{-1})$			

注:①本实验要求 $(NH_4)_2S_2O_8$ 与淀粉溶液是新配制的,且 $(NH_4)_2S_2O_8$ 溶液的 pH 应大于 3,否则,$(NH_4)_2S_2O_8$ 已部分分解,不能使用。KI 溶液应为无色透明的溶液,如已呈浅黄色,则表示有 I_2 析出,不能使用,所用试剂如混有少量 Cu^{2+}、Fe^{2+} 等杂质,对反应有催化作用,必要时可加几滴 $0.10\,mol \cdot L^{-1}\,EDTA$ 溶液消除这些金属离子的影响。

②由公式(2)、(3)可知实验测定的反应速率是 Δt 时间内的平均速率,只有在 Δt 很小时,才近似地把它看做瞬时速率。为此,本实验方案在改变反应物起始浓度的同时,还相应改变 $Na_2S_2O_3$ 的浓度,使 Δt 满足实验要求。

(二) 方 案 Ⅱ

考虑到由常量实验过渡到微型实验有一个适应过程,本方案把常量实验小量化(small scale),试剂用量比方案Ⅰ略大,实验效果也良好。

1. 测定反应物起始浓度不同时的反应速率 取 7 支标定液滴体积的多用滴管(~0.05mL/滴)按表 4-3 中顺序及要求分别吸取 a~f 所表示的溶液,逐一把溶液 a~e 滴加到 5mL 井穴板 A 的孔穴 $1^{#}$ 中,搅拌均匀。用吸有 $(NH_4)_2S_2O_8$ 溶液的多用滴管,以准确计算数滴的方法滴加 1.5mL $(NH_4)_2S_2O_8$ 到另一块井穴板 B 的 $6^{#}$ 孔穴,然后将管中剩下的 $(NH_4)_2S_2O_8$ 尽量挤出。(能放回原试剂瓶吗?)仍用此滴管将已量出体积的 $(NH_4)_2S_2O_8$ 全部吸入。注意:要吸干净,不留剩余,否则将影响实验准确性。然后将滴管中 $(NH_4)_2S_2O_8$ 溶液迅速挤入井穴板 A 的 $1^{#}$ 穴中,同时计时并搅拌溶液。当溶液刚出现蓝色,记下反应所需时间。

以同样方法,在井穴 2 至 7(即 B 板的井穴 1)中进行 6 次反应。

表 4-3 反应物起始浓度改变时的反应速率

顺序	试剂用量 (孔穴编号)	1	2	3	4	5	6	7
a	0.20mol·L^{-1} KI	1.50	1.00	0.75	0.50	1.50	1.50	1.50
b	0.010mol·L^{-1} Na$_2$S$_2$O$_3$	0.60	0.60	0.60	0.60	0.60	0.60	0.60
c	0.2% 淀粉溶液	0.40	0.40	0.40	0.40	0.40	0.40	0.40
d	0.20mol·L^{-1} KNO$_3$	–	0.50	0.75	1.00	–	–	–
e	0.20mol·L^{-1} (NH$_4$)$_2$SO$_4$	–	–	–	–	0.50	0.75	1.00
f	0.20mol·L^{-1} (NH$_4$)$_2$S$_2$O$_8$	1.50	1.50	1.50	1.50	1.00	0.75	0.50
起始浓度 mol·L^{-1}	KI							
	S$_2$O$_8^{2-}$							
	S$_2$O$_3^{2-}$							
	Δt/s							
	$\Delta c(S_2O_8^{2-})$/(mol·L^{-1})							
	v/(mol·L^{-1}·s^{-1})							

2. 不同温度下的反应速率 按表 4-3 中孔穴 4 的用量,把 KI、$(NH_4)_2S_2O_8$、淀粉和 KNO$_3$ 溶液分别加到孔穴 8(B 板 $2^{#}$ 穴)中,并将井穴板和已吸入 1.5mL $(NH_4)_2S_2O_8$ 溶液的多用滴管一起置于恒温水浴中,调节水浴温度高出室温 10℃,待孔穴 8 中溶液达到此温度时,将多用滴管中的 $(NH_4)_2S_2O_8$ 一次全部加入,计时并搅拌,记下溶液刚出现蓝色所需时间。

用相同的用量试剂和操作方法,在孔穴 9(B 板 $3^{#}$ 穴)中测量温度高于室温 20℃ 时反应所需的时间,实验数据记于表 4-4。

表 4-4 不同温度下的反应速率

孔穴编号	4	8	9
反应温度 T/℃			
反应时间 Δt/s			
v/(mol·L^{-1}·s^{-1})			

总结实验结果,说明反应物浓度、温度等因素对反应速率的影响。

五、数据处理与讨论

1. 求算反应级数和速率常数　由表 4-1(或 4-3)的数据,算出 $\lg v$、$\lg c(S_2O_8^{2-})$ 和 $\lg c(I^-)$,按(4-1-7)、(4-1-8)两式关系作图,求出 α 和 β。

将 α、β 和一定浓度时的 v 代入(4-1-4)式求出 k。

2. 求算反应的活化能　由表 4-1(或 4-4)的数据,按(4-1-4)式求出各温度时的 k 值,再按(4-1-9)式作 $\lg k - \lg \dfrac{1}{T}$ 图,求出活化能。

列表示出上述计算结果并讨论之。

六、思　考　题

1. 根据化学方程式,是否能确定反应级数?用本实验的结果加以说明。

2. 若不用 $S_2O_8^{2-}$,而用 I^- 或 I_3^- 的浓度变化来表示反应速率,则反应速率常数 k 是否一样?

3. 实验中为什么可以由反应溶液出现蓝色的时间长短来计算反应速率?反应溶液出现蓝色后,反应是否就终止了?

4. 下列操作情况对实验结果有何影响?

(1) 取用各种试剂溶液前,多用滴管没有洗净。

(2) 先加 $(NH_4)_2S_2O_8$ 溶液,最后加 KI 溶液。

(3) 没有迅速连续加入 $(NH_4)_2S_2O_8$ 溶液。

(4) 本实验 $Na_2S_2O_3$ 的用量过多或者过少对实验结果有何影响?

5. 本实验采用同一个微量滴头的目的是什么?滴加溶液的正确操作如何?

实验二　乙酸离解常数的测定及缓冲溶液性质

一、实验目的

1. 练习酸碱滴定操作。
2. 学习使用 pH 计。
3. 学习一种弱酸离解和离解常数的测定原理和方法。
4. 掌握缓冲溶液的配制方法,了解缓冲溶液的性质。

二、实验原理

乙酸 CH_3COOH(即 HAc)是弱电解质,在水溶液中存在如下离解平衡

$$HAc = H^+ + Ac^-$$

$$K_a^\theta = \frac{\{c^{eq}(H^+)/c^\theta\}\{c^{eq}(Ac^-)/c^\theta\}}{\{c^{eq}(HAc)/c^\theta\}}$$

(4-2-1)

式中,$c^{eq}(H^+)$、$c^{eq}(Ac^-)$、$c^{eq}(HAc)$ 分别是 H^+、Ac^-、HAc 的平衡浓度;K_a^θ 为乙酸的离解平衡

常数。一定温度下,弱电解质的离解常数 K_a^θ 与起始浓度无关。

本实验中,在温度一定的情况下,用 pH 计(酸度计)测定一系列已知浓度的 HAc 溶液的 pH,计算出 $c(H^+)$。

$$pH = -\lg c(H^+)/c^\theta \qquad (4\text{-}2\text{-}2)$$
$$c(H^+) = c \cdot \alpha \qquad (4\text{-}2\text{-}3)$$

将由(4-2-2)式计算出的 $c(H^+)$ 代入(4-2-3)式中,可求出一系列对应的 HAc 的离解度 α。

$$K_a^\theta = \frac{(c/c^\theta)\alpha^2}{1-\alpha}$$

温度一定时 $(c/c^\theta)\alpha^2/(1-\alpha)$ 的值近似为一常数,取一系列 $(c/c^\theta)\alpha^2/(1-\alpha)$ 的平均值,即为该温度时 HAc 的离解常数。

三、仪器和药品

1. 仪器　吸量管(5mL),容量瓶(50mL),烧杯(50mL),锥形瓶(50mL),滴定管(3mL),酸式滴定管(25mL),滴定管夹,吸耳球,pH 计(附电极)。

2. 药品　HAc($0.1\,mol \cdot L^{-1}$,待测),1%酚酞指示剂,NaOH 标准溶液($0.1000\,mol \cdot L^{-1}$),$0.1\,mol \cdot L^{-1}$ HCl,$0.1\,mol \cdot L^{-1}$ NaOH,$0.1\,mol \cdot L^{-1}$ NaAc,$0.1\,mol \cdot L^{-1}$ $NH_3 \cdot H_2O$,$0.1\,mol \cdot L^{-1}$ NH_4Cl 溶液。

四、实 验 内 容

1. 乙酸溶液浓度的测定　用移液管吸取 2mL 约 $0.1\,mol \cdot L^{-1}$ HAc 溶液三份,分别置于三个 50mL 锥形瓶中,各加 10mL 水稀释,再加入 1 滴酚酞指示剂。在 3mL 滴定管中加入标准氢氧化钠溶液,分别滴定至醋酸溶液至呈现微红色,半分钟不褪色为止,记下所用氢氧化钠溶液的体积,从而求得 HAc 溶液的精确浓度(四位有效数字)。

2. 测定不同浓度乙酸溶液的 pH　将已知浓度的乙酸溶液装入一滴定管中,按 1~4 号向 4 只烘干的小烧杯中分别放出 24.00mL、12.00mL、6.00mL、3.00mLHAc,再按此序号从另一支盛有蒸馏水的滴定管中分别放出 0.00mL、12.00mL、18.00mL、21.00mL 蒸馏水,计算各份 HAc 溶液的浓度,填入表 4-5。

表 4-5　乙酸溶液浓度的测定

实验序号	1	2	3
$c(NaOH)/(mol \cdot L^{-1})$			
滴定前滴定管内液面读数 V_0/mL			
滴定后滴定管内液面读数 V_1/mL			
$c(NaOH)$ 溶液的用量 V/mL			
测定值			
$c(HAc)/(mol \cdot L^{-1})$			
平均值			

按烧杯 4、3、2、1(即溶液由稀到浓)的次序,用 pH 计分别测定乙酸溶液的 pH,记录并填入表 4-6。计算 HAc 的离解度和离解常数,记录实验时的室温,填入表 4-6。

表 4-6　不同浓度乙酸溶液 pH 的测定　　　　实验温度 $t=$ _____ ℃

烧杯号	V(HAc)/ mL	V(H₂O)/ mL	$c(\text{HAc})$/ mol·L⁻¹	HAc 溶液 pH	$c(\text{H}^+)$/ mol·L⁻¹	离解度 α	离解常数 K_a (测定值)	离解常数 K_a (平均值)
1	24.00	0.00						
2	12.00	12.00						
3	6.00	18.00						
4	3.00	21.00						

3. 缓冲溶液的配制及性质

（1）缓冲溶液的配制：用 0.1mol·L⁻¹ HAc，0.1mol·L⁻¹ NaAc，0.1mol·L⁻¹ NH₃·H₂O，0.1mol·L⁻¹ NH₄Cl 溶液，配制 pH=4，pH=9 两种缓冲溶液各 50mL，用酸度计测定各缓冲溶液的 pH，比较试验测定值与理论值是否相等，缓冲溶液保留待用，见表 4-7。

表 4-7　缓冲溶液的配制

缓冲溶液	pH	缓冲对	各组分体积	pH(实测值)
1	4			
2	9			

（2）缓冲溶液的性质：①取 3 个 50mL 烧杯，各加入 12.5mL 实验 3（1）中的 pH=4 的缓冲溶液，再分别加 5 滴 0.1mol·L⁻¹ HCl 溶液、0.1mol·L⁻¹ NaOH 溶液和 12.5mL 蒸馏水。混匀后，用酸度计测定各溶液的 pH。实验结果按表 4-8 记录，并计算 pH 的变化。②用实验 3（1）中的 pH=9 的缓冲溶液重复上述实验。③取 1 个 50mL 烧杯，加入 34mL 0.1mol·L⁻¹ HAc 溶液和 6mL 蒸馏水，混匀后，用酸度计测其 pH。另取 2 个 50mL 烧杯，各加入该溶液 20mL，再分别加入 5 滴 0.1mol·L⁻¹ HCl 溶液、0.1mol·L⁻¹ NaOH 溶液，混匀后，用酸度计测定各溶液的 pH。实验结果按表 4-8 记录，并计算 pH 的变化。④取 6mL 0.1mol·L⁻¹ NaAc 溶液和 34mL 蒸馏水混合，重复上述实验。

表 4-8　缓冲溶液的性质

溶液	pH₁	用量 V/ml 加入酸(或碱、蒸馏水的量)	pH₂	ΔpH
pH=4 的缓冲溶液		5 滴 0.1mol·L⁻¹ HCl		
		5 滴 0.1mol·L⁻¹ NaOH		
		12.5mL 蒸馏水		
pH=9 的缓冲溶液		5 滴 0.1mol·L⁻¹ HCl		
		5 滴 0.1mol·L⁻¹ NaOH		
		12.5mL 蒸馏水		
34mL 0.1mol·L⁻¹ HAc 溶液和 6ml 蒸馏水		5 滴 0.1mol·L⁻¹ HCl		
		5 滴 0.1mol·L⁻¹ NaOH		
6mL 0.1mol·L⁻¹ NaAc 溶液和 34mL 蒸馏水		5 滴 0.1mol·L⁻¹ HCl		
		5 滴 0.1mol·L⁻¹ NaOH		

根据实验数据,讨论酸碱缓冲溶液的缓冲作用原理。

五、思　考　题

1. 标定乙酸浓度时,可否用甲基橙作指示剂? 为什么?
2. 当乙酸溶液浓度变小时,$c^{eq}(H^+)$、α 如何变化? K_a^{θ} 值是否随乙酸溶液浓度变化而变化?
3. 如果改变所测溶液的温度,离解度和离解常数有无变化?
4. 测定不同浓度乙酸溶液 pH 时,为什么要按从稀到浓的顺序?

六、实　验　技　术

1. 滴定管的使用　滴定管是滴定操作时准确测量标准溶液体积的一种量器。滴定管的管壁上有刻度线和数值,最小刻度为 0.1mL,“0”刻度在上,自上而下数值由小到大。滴定管分酸式滴定管和碱式滴定管两种。酸式滴定管下端有玻璃旋塞,用以控制溶液的流出。酸式滴定管只能用来盛装酸性溶液或氧化性溶液,不能盛碱性溶液,因碱与玻璃作用会使磨口旋塞粘连而不能转动,碱式滴定管下端连有一段橡皮管,管内有玻璃珠,用以控制液体的流出,橡皮管下端连一尖嘴玻璃管。凡能与橡皮起作用的溶液如高锰酸钾溶液,均不能使用碱式滴定管。

(1) 酸式滴定管的使用方法是:

1) 给旋塞涂凡士林:把旋塞芯取出,用手指蘸少许凡士林,在旋塞芯两头薄薄地涂上一层,然后把旋塞芯插入塞槽内,旋转使油膜在旋塞内均匀透明,且旋塞转动灵活。

2) 试漏:将旋塞关闭,滴定管里注满水,把它固定在滴定管架上,放置 1~2min,观察滴定管口及旋塞两端是否有水渗出,旋塞不渗水才可使用。

3) 滴定管内装入标准溶液后要检查尖嘴内是否有气泡:检查时如有气泡,将影响溶液体积的准确测量。排除气泡的方法是:用右手拿住滴定管无刻度部分使其倾斜约 30° 角,左手迅速打开旋塞,使溶液快速冲出,将气泡带走。

4) 排液:滴定操作时,滴定管应夹在滴定管架上。左手控制旋塞,大拇指在管前,食指和中指在后,三指轻拿旋塞柄,手指略微弯曲,向内扣住旋塞,避免产生使旋塞拉出的力。向里旋转旋塞使溶液滴出。

(2) 碱式滴定管的使用方法是:

1) 试漏:给碱式滴定管装满水后夹在滴定管架上静置 1~2min。若有漏水应更换橡皮管或管内玻璃珠,直至不漏水且能灵活控制液滴为止。

2) 排气:滴定管内装入标准溶液后,要将尖嘴内的气泡排出。方法是:把橡皮管向上弯曲,出口上斜,挤捏玻璃珠,使溶液从尖嘴快速喷出,气泡即可随之排掉。

3) 排液:进行滴定操作时,用左手的拇指和食指捏住玻璃珠靠上部位,向手心方向捏挤橡皮管,使其与玻璃珠之间形成一条缝隙,溶液即可流出。

(3) 使用滴定管时还应注意以下几点:

1) 滴定管使用前和用完后都应进行洗涤:洗前要将酸式滴定管旋塞关闭。管中注入水后,一手拿住滴定管上端无刻度的地方,一手拿住旋塞或橡皮管上方无刻度的地方,边转动滴定管边向管口倾斜,使水浸湿全管。然后直立滴定管,打开旋塞或捏挤橡皮管使水从尖嘴口流出。滴定管洗干净的标准是玻璃管内壁不挂水珠。

2)刷洗滴定管:装标准溶液前应先用标准液刷洗滴定管 2~3 次,洗去管内壁的水膜,以确保标准溶液浓度不变。装液时要将标准溶液摇匀,然后不借助任何器皿直接注入滴定管内。

3)滴定管必须固定在滴定管架上使用:读取滴定管的读数时,要使滴定管垂直,视线应与弯月面下沿最低点在一水平面上,要在装液或放液后 1~2min 进行。每次滴定时最好从"0"刻度开始。

4)滴定:滴定开始前,先把悬挂在滴定管尖端的液滴除去。滴定时,滴定管尖端插入瓶口下 1cm 左右,用左手控制阀门,右手持锥形瓶,并不断用腕力沿一个方向摇动锥形瓶,使溶液均匀混合。

5)控制速度:开始滴定时速度是"见滴成线",每秒滴加 4~5 滴。快到终点时,速度要控制的慢,要一滴一滴或半滴半滴加入,防止过量。达终点时,待滴定管内液面完全稳定后再读数。

2. 酸度计的使用

(1)预热仪器:①未接通电源前,先检查电表指针是否指零(pH=7.00 处),如不指零应调节电表上的机械调零螺丝至 pH=7.00 处。②接通电源,开启电源开关,指示灯亮。③pH-mV 挡旋至 pH 挡预热 20~30min。

(2)安装电极:①检查玻璃电极内部溶剂中有无气泡,有应除去。②把饱和甘汞电极下端的橡皮套和皮管上的小橡皮塞拔下保存好,检查饱和 KCl 溶液,检查电极弯管内有无气泡,如有应除去。③将玻璃电极和甘汞电极以胶帽分别夹在电极夹上应使玻璃电极的球泡比甘汞电极的陶瓷芯稍高一些以免碰破球泡,将玻璃电极的插头插入电极插口处(内)旋紧插口上的紧固螺丝,甘汞电极的引线接在接线柱上。

(3)校正仪器:①调整电极架使电极的球泡和陶瓷芯都浸到缓冲溶液中。②将温度补偿器调至溶剂的温度。③根据缓冲溶液的 pH,将量程开关旋至 0~7 或 7~14 范围。④调节零点调节器,使指示电表的指针指在 7.00 处。⑤按下读数开关,并略转动调节定位调节器使指针指在标准缓冲溶液的 pH=7.00 处,若有变动应再旋动定位器,否则重新校正。

(4)测量 pH:①提起电极将缓冲溶液移开,用去离子水冲洗电极,再用滤纸轻轻吸干电极上的水滴,然后,将电极浸入待测液中。②按下读数开关读数(未知溶液的 pH)重复测量一次取平均值,放开读数开关,提起电极移开待测溶液,用蒸馏水冲洗电极。③测量完毕,把量程开关旋至"0",关闭电源开关,整理好甘汞电极,将玻璃电极浸入去离子水中。

(5)mV 值的测量:将 pH-mV 挡旋至 mV 挡用来测量电池电位差,此时温度补偿器和定位调节器均不起作用。步骤如下:①测量电极接"−"极,参比电极接"+"极,pH-mV 挡旋至+mV 挡,若测量电极接"+"极,参比电极接"−"极 pH-mV 挡旋至 mV 挡。②把量程开关旋至"0~7",所测电位差在 700mV 范围内,若电池电位差在 700~1400mV 则量程挡旋至"7~14"。③调节零点调节器,使电表指针指"0"mV,按下读数开关电表指针所指读数即为电池电位差,数值为电表上的读数乘以 100。④复原或调换待测液时先把量程开关旋至"0",再放松读数开关,测量完毕用去离子水冲洗电极,调整好仪器,收好电极。

实验三　酸碱平衡和沉淀平衡

一、实　验　目　的

1. 了解离解平衡、沉淀平衡和同离子效应的基本原理。
2. 掌握缓冲溶液的配制及其性质。
3. 掌握沉淀的生成、溶解和转化的条件。
4. 掌握离心分离操作和离心机、pH 试纸使用。
5. 学习微型井穴板加液反应操作。

二、实　验　原　理

1. 酸碱离解平衡　强酸、强碱是强电解质，它们在水中可以完全离解，弱酸、弱碱是弱电解质，在水中不能完全离解，在其分子和离子间存在离解平衡。

若 HB 为一弱酸，在水溶液中存在如下平衡

$$HB + H_2O = H_3O^+ + B^-$$

常简化为

$$HB = H^+ + B^-$$

未离解的分子的浓度与离解生成的离子浓度之间存在如下关系

$$K_a^\theta = c(H^+)c(B^-)/c(HB)$$

若 B 为一弱碱，在水溶液中存在如下离解平衡

$$B + H_2O = HB^+ + OH^-$$

未离解的分子的浓度与离解生成离子浓度之间存在如下关系

$$K_b^\theta = c(HB^+)c(OH^-)/c(B)$$

酸碱离解平衡是质子传递的过程是动态平衡，一旦条件发生改变，酸碱离解平衡也将被破坏，而在新的条件下建立新的平衡。如稀释、加入含有相同离子的强电解质、改变介质的酸度都可使酸碱的离解平衡发生移动。稀释弱酸或弱碱，离解平衡正向移动；向弱酸（或弱碱）水溶液中加入其共轭碱（或共轭酸），会使弱酸（或弱碱）的离解反应受到抑制，从而使溶液的酸度发生改变，这种共轭酸碱对之间对离解反应的抑制作用称为同离子效应。

很多高价金属水合离子是多元离子酸，它们在水中分步离解。习惯上称这类反应为金属离子的水解。其结果是有氢氧化物或所谓碱式盐等沉淀生成，如 Sn^{2+}、Bi^{3+}、Sb^{3+}、Fe^{3+}、Fe^{2+} 等水合离子在水中极易离解。因此在配制含有此类金属离子化合物的水溶液时，均需将它们溶于酸中。

2. 缓冲溶液　具有抵抗加入的少量酸、碱或适量的稀释作用而保持溶液 pH 基本不变能力的溶液称为酸碱缓冲溶液。

酸碱缓冲溶液能够有效控制溶液保持一定的酸度，故具有十分重要的应用价值，在科研和生产实际中我们经常要配制酸碱缓冲溶液，配制方法是：①选择合适的缓冲对，使其中弱酸（或弱碱）的 pK_a^θ（或 pK_b^θ）与所配制的缓冲溶液的 pH（或 pOH）相等或相近。这样可以保证缓冲比不致过大或过小，以保证所配制的缓冲溶液既有较好的缓冲能力。②计算缓冲对的浓度比。③选择弱酸（或弱碱）及其共轭酸（或共轭碱）的配制浓度（保证酸碱的浓度

在 $0.1 \sim 1 mol \cdot L^{-1}$ 范围内)。④测定所配缓冲溶液的 pH,若与所需有差异,再加少量①中选定的酸或碱调节,至符合要求为止。

3. 多相离子平衡和溶度积规则

(1) 溶度积原理:对于 A_mB_n 类型的难溶电解质,在水溶液中有以下反应

$$A_nB_m(s) = nA^{m+}(aq) + mB^{n-}(aq)$$

该反应达到平衡时,其标准平衡常数为

$$K_{sp}^{\theta}(A_nB_m) = \{c^{eq}(A^{m+})/c^{\theta}\}^n \{c^{eq}(B^{n-})/c^{\theta}\}^m$$

K_{sp}^{θ} 称为难溶电解质的溶度积常数,简称溶度积。

任意状态时,沉淀溶解反应的反应商 Q 又称为反应的离子积。其表达式为

$$Q = \{c(A^{m+})/c^{\theta}\}^n \{c(B^{n-})/c^{\theta}\}^m$$

由化学反应等温式可知,可通过比较 Q 与 K_{sp}^{θ} 的大小来判断沉淀溶解平衡移动的方向:

当 $Q > K_{sp}^{\theta}$ 时,溶液为过饱和溶液,沉淀溶解平衡向生成沉淀的方向移动,有沉淀生成,直至 $Q = K_{sp}^{\theta}$。

当 $Q = K_{sp}^{\theta}$ 时,溶液为饱和溶液,反应处于平衡状态。

当 $Q < K_{sp}^{\theta}$ 时,溶液为不饱和溶液,若溶液中有难溶电解质固体,则固体会溶解,直到溶液达到饱和。

(2) 分步沉淀:当向含有一定浓度的混合离子的溶液中滴加沉淀剂时,首先达到 $Q > K_{sp}^{\theta}$ 的离子先被沉淀。分步沉淀作用可应用于溶液中离子的分离。

4. 沉淀的溶解和转化 常用的沉淀溶解法有酸溶解法、配位溶解法、氧化还原溶解法和综合溶解法等。

由一种沉淀向另一种沉淀转化的过程称为沉淀的转化。

沉淀能否发生转化及转化的完全程度,取决于沉淀的类型,沉淀的溶度积大小及试剂浓度。在沉淀类型相同的情况下,溶度积常数大的沉淀较容易转化成溶度积小的沉淀。

三、仪器和药品

1. 仪器 0.7mL 井穴板,多用滴管,小试管,离心试管,离心机,表面皿,烧杯。

2. 药品 HNO_3($6mol \cdot L^{-1}$),HCl($0.2mol \cdot L^{-1}$,$6mol \cdot L^{-1}$),HAc($0.2mol \cdot L^{-1}$),NaOH($0.2mol \cdot L^{-1}$,$2mol \cdot L^{-1}$),$NH_3 \cdot H_2O$($0.2mol \cdot L^{-1}$,$6mol \cdot L^{-1}$),PbI_2(饱和),KI($0.01mol \cdot L^{-1}$,$0.1mol \cdot L^{-1}$),$Pb(NO_3)_2$($0.01mol \cdot L^{-1}$,$0.1mol \cdot L^{-1}$),NaAc($0.2mol \cdot L^{-1}$),NH_4Cl($0.1mol \cdot L^{-1}$),NH_4Ac($0.1mol \cdot L^{-1}$),NaCl($0.1mol \cdot L^{-1}$,$1.0mol \cdot L^{-1}$),NaH_2PO_4($0.1mol \cdot L^{-1}$),Na_2HPO_4($0.1mol \cdot L^{-1}$),Na_3PO_4($0.1mol \cdot L^{-1}$),K_2CrO_4($0.05mol \cdot L^{-1}$,$0.5mol \cdot L^{-1}$),$AgNO_3$($0.1mol \cdot L^{-1}$),$BaCl_2$($0.5mol \cdot L^{-1}$),$SbCl_3$($6mol \cdot L^{-1}$),$(NH_4)_2C_2O_4$(饱和),Na_2S($0.1mol \cdot L^{-1}$),Na_2SO_4(饱和)、三氯化锑、醋酸铵、硝酸铁等。

3. 其他 pH 试纸等。

四、实验内容

1. 同离子效应

(1) 同离子效应和酸碱平衡:用多用滴管向 0.7mL 井穴板的 $1^{\#}$ 孔穴内加入 $2 \sim 3$ 滴

$0.1mol \cdot L^{-1}$ $NH_3 \cdot H_2O$,用 pH 试纸测其 pH;然后向孔穴中加 1 滴酚酞溶液,观察溶液的颜色,再加几小粒 NH_4Cl 固体,观察溶液颜色变化,解释上述现象。

(2)同离子效应和沉淀平衡:在 2# 孔穴内加入 2~3 滴 PbI_2 溶液,然后加 2 滴 $0.1mol \cdot L^{-1}$ KI 溶液,用细玻璃棒轻轻搅动,观察有何现象? 说明为什么?

2. 缓冲溶液的配制和性质

(1)分别测定蒸馏水、$0.1mol \cdot L^{-1}$ HAc 的 pH。

(2)在 5mL 井穴板的 1#、2# 孔穴中分别加 2mL 蒸馏水,然后分别加 1 滴 $0.2mol \cdot L^{-1}$ HCl 和 $0.2mol \cdot L^{-1}$ NaOH,用精密 pH 试纸分别测定溶液的 pH,将实验测定结果填表。

(3)在 5mL 井穴板的 3#、4# 孔穴中分别加 1mL $0.2mol \cdot L^{-1}$ HAc 和 1mL $0.2mol \cdot L^{-1}$ NaAc 溶液并混合均匀,测定其 pH,在 3# 孔穴中加 1 滴 $0.2mol \cdot L^{-1}$ HCl,在 4# 孔穴中加 1 滴 $0.2mol \cdot L^{-1}$ NaOH,分别测定溶液的 pH,将实验测定结果填入表 4-9 中。

表 4-9　缓冲溶液的性质

体系 pH	纯水	2mL 纯水中加 1 滴		缓冲溶液 (HAc-NaAc)	2mL 缓冲溶液中加 1 滴	
		$0.2mol \cdot L^{-1}$ HCl	$0.2mol \cdot L^{-1}$ NaOH		$0.2mol \cdot L^{-1}$ HCl	$0.2mol \cdot L^{-1}$ NaOH
实验测定值						
计算值						

分析上述三组实验结果,对缓冲溶液的性质做出结论。

3. 酸碱平衡

(1)在 0.7mL 井穴板的各孔中依次加入 2 滴浓度为 $0.1mol \cdot L^{-1}$ 的各溶液,并用 pH 试纸测定各溶液的 pH,将实验测定值与计算值填入表 4-10 中。

表 4-10　酸碱及两性物质溶液 pH

0.1mol · L⁻¹ 溶液 pH	NH_4Cl	NH_4Ac	NaAc	NaCl	NaH_2PO_4	Na_2HPO_4	Na_3PO_4
实验测定值							
计算值							

(2)取少许固体硝酸铁,加水约 3mL 溶解,观察溶液的颜色,将溶液分成三份,一份留作比较,第二份在小火上加热煮沸,在第三份中加几滴 $6mol \cdot L^{-1}$ HNO_3,观察现象,写出反应方程式并解释实验现象。

(3)取 $SbCl_3$ 固体少许加 1~2mL 水,溶解,有何现象? 测定该溶液的 pH。然后滴加 $6mol \cdot L^{-1}$ HCl,振荡试管,有何现象? 取澄清的 $SbCl_3$ 溶液滴入 1~2mL 水中有何现象? 写出反应方程式并解释现象。

4. 沉淀平衡

(1)沉淀溶解平衡:在井穴板的孔穴中加 2 滴 $0.1mol \cdot L^{-1}$ $Pb(NO_3)_2$ 溶液,然后加 2~3 滴 $0.1mol \cdot L^{-1}$ NaCl 溶液,轻轻振荡,待沉淀完全后,静置,吸取上面清液于另一孔穴中,加入 2 滴 $0.5mol \cdot L^{-1}$ K_2CrO_4 溶液,有什么现象? 解释此现象。

(2)溶度积规则的应用:①在孔穴中加入 2 滴 $0.1mol \cdot L^{-1}$ $Pb(NO_3)_2$ 和 2 滴 $0.1mol \cdot L^{-1}$ KI 溶液,观察现象。②用 $0.001mol \cdot L^{-1}$ $Pb(NO_3)_2$ 和 $0.001mol \cdot L^{-1}$ KI 各 2 滴进行实

验,观察现象。③试用溶度积规则解释。

(3) 分步沉淀:在孔穴中加 2 滴 $0.1mol \cdot L^{-1}NaCl$ 和 2 滴 $0.1mol \cdot L^{-1}K_2CrO_4$ 溶液。然后逐滴加入 $0.1mol \cdot L^{-1}AgNO_3$ 溶液,有哪些沉淀物生成? 观察沉淀颜色的变化,用溶度积规则解释实验现象。

5. 沉淀的溶解和转化

(1) 在孔穴中加入 2 滴 $0.5mol \cdot L^{-1}$ $BaCl_2$溶液,再加 1~2 滴饱和$(NH_4)_2C_2O_4$,观察沉淀的生成。静置后吸去清液,在沉淀物上加 1~2 滴 $6mol \cdot L^{-1}$ HCl 溶液,有什么现象?写出反应方程式,说明为什么?

(2) 在孔穴中加 2 滴 $0.1mol \cdot L^{-1}$ $AgNO_3$溶液,再加 1 滴 $1mol \cdot L^{-1}NaCl$ 溶液,观察沉淀的生成。再逐滴加入 3~5 滴 $6mol \cdot L^{-1}$ $NH_3 \cdot H_2O$ 有什么现象? 写出反应方程式,说明为什么。

(3) 在离心试管中加入 5 滴 $0.1mol \cdot L^{-1}$ $AgNO_3$溶液,再加 2~3 滴 $0.1mol \cdot L^{-1}Na_2S$ 溶液,观察沉淀的生成。离心分离,弃去溶液,在沉淀物上加少许 $6mol \cdot L^{-1}HNO_3$,加热,有何现象? 写出反应方程式,说明为什么?

(4) 在离心试管中,加 5 滴 $0.1mol \cdot L^{-1}Pb(NO_3)_2$溶液,加 3 滴 $1mol \cdot L^{-1}NaCl$ 溶液,待沉淀完全后,离心分离,用 0.5mL 蒸馏水洗涤一次。在氯化铅沉淀中,加 3 滴 $0.1mol \cdot L^{-1}$ KI 溶液,观察沉淀的转化和颜色的变化,按上述操作先后加入 10 滴饱和 Na_2SO_4 溶液,5 滴 $0.5mol \cdot L^{-1}$ K_2CrO_4溶液,5 滴 $1mol \cdot L^{-1}Na_2S$ 溶液,每加入一种新的溶液后,都须观察沉淀的转化和颜色的变化。用上述生成物溶解度数据解释实验中出现的各种现象,总结沉淀转化的条件。

五、思　考　题

1. 在实验内容 1(1)中,若加氯化铵固体会发生什么现象? 在这一实验中加何者更合适? 为什么?

2. 在实验内容 4(3)中,某学生在加硝酸银溶液后,看到有棕色沉淀生成,而且"沉淀颜色不变",试分析其操作上的错误和颜色"不变"的原因。

3. 把 $0.1mol \cdot L^{-1}$的氨水、醋酸、盐酸、氢氧化钠、硫化氢溶液、蒸馏水按 pH 由小到大排列成序。

4. 以下两种溶液体系是否均属缓冲溶液? 为什么?

(1) $0.1mol \cdot L^{-1}$盐酸 5mL 与 $0.2mol \cdot L^{-1}$ 氨水 5mL 混合。

(2) $0.2mol \cdot L^{-1}$盐酸 5mL 与 $0.1mol \cdot L^{-1}$ 氨水 5mL 混合。

5. 配制 $0.1mol \cdot L^{-1}SnCl_2$50mL,应如何正确操作?

6. 用 $FeCl_3$、$MgCl_2$、NaOH 三种溶液,设计一个分步沉淀实验,并预言实验现象?

实验四　氧化还原反应

一、实验目的

1. 了解测定原电池电动势和电极电势的原理与方法。

2. 了解反应介质酸度和浓度等对电极电势的影响。

3. 理解影响氧化还原反应的因素。

二、实验原理

1. 氧化还原反应与电极电势 氧化还原反应是电子从还原剂转移到氧化剂的过程。物质得失电子能力的大小或者说氧化、还原性强弱,可用其相应电对的电极电势的相对大小来衡量。电极电势的值越大,则氧化态的氧化能力越强,其氧化态物质是较强氧化剂。电极电势的值越小,则还原态的还原能力越强,其还原态物质为较强还原剂。所以,通过比较电极电势,可以判断氧化还原反应进行的方向。例如,$\varphi^{\theta}(I_2/I^-) = +0.535V$,$\varphi^{\theta}(Fe^{3+}/Fe^{2+}) = +0.771V$,$\varphi^{\theta}(Br_2/Br^-) = +1.08V$,所以下列两个反应中

$$2\ Fe^{3+} + 2\ I^- = 2\ I_2 + 2\ Fe^{2+} \tag{4-4-1}$$

$$2\ Fe^{3+} + 2\ Br^- = Br_2 + 2\ Fe^{2+} \tag{4-4-2}$$

反应(4-4-1)向右进行,反应(4-4-2)则向左进行。也就是说,Fe^{3+}可以氧化I^-而不能氧化Br^-,反过来,Br_2可以氧化Fe^{2+},而I_2则不能。即氧化性$Br_2 > Fe^{3+} > I_2$,反过来,还原性$I^- > Fe^{2+} > Br^-$。

如果在某一水溶液体系中同时存在多种氧化剂(或还原剂),都能与加入的还原剂(或氧化剂)发生氧化还原反应,那么,氧化还原反应首先发生在电极电势差值较大的两个电对所对应的氧化剂和还原剂之间。

2. 浓度对电极电势的影响 当氧化剂和还原剂所对应的电极电势相差较大时,通常可通过比较标准电极电势φ^{θ}来判断氧化还原反应进行的方向,若两者相差不大,则应考虑浓度对电极电势的影响。浓度与电极电势的关系(25℃)可用能斯特方程表示

$$\varphi = \varphi^{\theta} + \frac{0.0592}{n}\lg\frac{[\text{氧化型}]}{[\text{还原型}]}$$

式中,n为电极反应中转移的电子数。以Fe^{3+}/Fe^{2+}电对为例

$$\varphi(Fe^{3+}/Fe^{2+}) = \varphi^{\theta}(Fe^{3+}/Fe^{2+}) + \frac{0.0592}{1}\lg\frac{c(Fe^{3+})/c^{\theta}}{c(Fe^{2+})/c^{\theta}}$$

任何能引起氧化型或还原型浓度改变的因素,例如加入沉淀剂或配位剂等,将导致电极电势的变化,从而对氧化还原反应产生影响。

3. 介质对氧化还原反应的影响 有些反应特别是含氧酸根参加的氧化还原反应,由于有H^+或OH^-参加,介质的酸碱性对反应的进行产生影响。例如对于电极反应

$$MnO_4^- + 8H^+ + 5e \Longrightarrow Mn^{2+} + 4H_2O$$

$$\varphi(MnO_4^-/Mn^{2+}) = \varphi^{\theta}(MnO_4^-/Mn^{2+}) + \frac{0.0592}{5}\lg\frac{[c(MnO_4^-)/c^{\theta}][c(H^+)/c^{\theta}]^8}{c(Mn^{2+})/c^{\theta}}$$

介质酸性提高,即H^+浓度增大,将使电极电势提高,从而使MnO_4^-的氧化性增强。

介质的酸碱性有时还影响氧化还原反应的产物。例如,MnO_4^-在酸性介质中被还原为Mn^{2+}(浅红至无色)

$$MnO_4^- + 8H^+ + 5e \Longrightarrow Mn^{2+} + 4H_2O$$

在中性或弱碱性介质中被还原为MnO_2(褐色)

$$MnO_4^- + 2H_2O + 3e \Longrightarrow MnO_2\downarrow + 4OH^-$$

在强碱性介质中则被还原为MnO_4^{2-}(绿色)

$$MnO_4^- + e \Longrightarrow MnO_4^{2-}$$

4. 氧化还原性的相对性　中间价态化合物既可得到电子而被还原,也可失去电子而被氧化,其氧化还原性具有相对性。例如,$2H_2O_2$ 常用作氧化剂而被还原为 H_2O(或 OH^-)

$$H_2O_2 + 2H^+ + 2e \Longrightarrow 2H_2O \qquad \varphi^\theta = +1.776V$$

$$O_2 + 2H^+ + 2e \Longrightarrow 2H_2O_2 \qquad \varphi^\theta = +0.682V$$

5. 电极电势测量　单独的电极电势是无法测量的,实验上只能测量两个电对组成的原电池的电动势(ε)。通过实验测量原电池的电动势,根据定义 $\varepsilon = \varphi_+ - \varphi_-$ 可以确定各电对的电极电势的相对值。准确的电动势必须用对消法在电位差计上测量。如果实验仅为了比较,只需知道电极电势的相对值,也可以用 pH 计进行粗略测量。

三、仪器和药品

1. 仪器　微型试管、0.7mL 井穴板、多用滴管、烧杯、伏特计(或酸度计)、表面皿、U 形管。

2. 药品　HCl(浓),HNO_3($2.0mol \cdot L^{-1}$,浓),HAc($6.0mol \cdot L^{-1}$),H_2SO_4($1.0mol \cdot L^{-1}$),NaOH($6.0mol \cdot L^{-1}$),$NH_3 \cdot H_2O$(浓),$Pb(NO_3)_2$($0.5mol \cdot L^{-1}$),$ZnSO_4$($1.0mol \cdot L^{-1}$),$CuSO_4$($0.01mol \cdot L^{-1}$,$1.0mol \cdot L^{-1}$),KI($0.1mol \cdot L^{-1}$),KBr($0.1mol \cdot L^{-1}$),$FeCl_3$($0.1mol \cdot L^{-1}$),$Fe_2(SO_4)_3$($0.1mol \cdot L^{-1}$),$FeSO_4$($0.1mol \cdot L^{-1}$,$1mol \cdot L^{-1}$),$K_2Cr_2O_7$($0.4mol \cdot L^{-1}$),$KMnO_4$($0.01mol \cdot L^{-1}$),Na_2SO_3($0.1mol \cdot L^{-1}$),Na_3AsO_3($0.1mol \cdot L^{-1}$),I_2水,Br_2水(饱和),KCl(饱和),CCl_4,锌粒,铅粒,铜片,琼脂,氯化铵。

3. 其他　电极(锌片、铜片、铁片、碳棒),红色石蕊试纸,导线,砂纸。

四、实 验 内 容

1. 电极电势和氧化还原反应

(1) 在小试管中加入 2 滴 $0.1mol \cdot L^{-1}$ KI 溶液和 1 滴 $0.1mol \cdot L^{-1}$ $FeCl_3$ 溶液,摇匀后加入 3~4 滴四氯化碳。充分振荡,观察四氯化碳层颜色有无变化?

(2) 用 $0.1mol \cdot L^{-1}$ KBr 溶液代替 KI 溶液进行同样实验,观察现象。

(3) 在小试管中加入 2 滴 $0.1mol \cdot L^{-1}$ KBr 溶液和 2~3 滴氯水,摇匀后,加入 3~4 滴四氯化碳,充分振荡,观察四氯化碳层颜色有无变化。

根据上述实验现象定性地比较 Cl_2/Cl^-,Br_2/Br^-,I_2/I^-,Fe^{3+}/Fe^{2+} 四个电对电极电势的相对高低。

2. 浓度和酸度对电极电势影响

(1) 浓度影响

1) 在两只 50mL 烧杯中,分别注入 30mL $1mol \cdot L^{-1}$ $ZnSO_4$ 和 $1mol \cdot L^{-1}$ $CuSO_4$ 溶液。在 $ZnSO_4$ 溶液中插入锌片,$CuSO_4$ 溶液中插入铜片组成两个电极,中间以盐桥相通。用导线将锌片和铜片分别与伏特计(或酸度计)的负极和正极相接。测量两极之间的电压(图 4-1)。

在 $CuSO_4$ 溶液中注入浓氨水至生成的沉淀溶解为止,形成深蓝色的溶液。

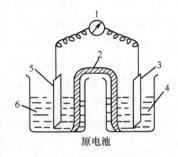

原电池

图 4-1　原电池装置

1. 伏特计;2. 盐桥;3. 铜板;4. 硫酸铜溶液;5. 锌板;6. 硫酸锌溶液

$$Cu^{2+}+4NH_3 \rightleftharpoons [Cu(NH_3)_4]^{2+}$$

观察原电池的电压有何变化。

再在 $ZnSO_4$ 溶液中,加浓氨水至生成的沉淀完全溶解为止;

$$Zn^{2+}+4NH_3 \rightleftharpoons [Zn(NH_3)_4]^{2+}$$

观察电压又有何变化。利用能斯特方程式来解释实验现象。

2）自行设计并测定 $Cu \mid CuSO_4(0.01mol \cdot L^{-1}) \parallel CuSO_4(1mol \cdot L^{-1}) \mid Cu$ 浓差电池的电动势。将实验测定值与计算值比较。

（2）酸度影响:在两只 50mL 烧杯中,分别注入 $1mol \cdot L^{-1}$ $FeSO_4$ 和 $0.4mol \cdot L^{-1}K_2Cr_2O_7$ 溶液。在 $FeSO_4$ 溶液中插入铁片,$K_2Cr_2O_7$ 溶液中插入炭棒组成两个半电池。将铁片和碳棒通过导线分别与伏特计的负极和正极相接,中间以盐桥相通,测量两极的电压。

在 $K_2Cr_2O_7$ 溶液中慢慢加入 $1mol \cdot L^{-1}$ H_2SO_4 溶液,观察电压有何变化? 再在 $K_2Cr_2O_7$ 溶液中,逐滴加入 $6mol \cdot L^{-1}$ NaOH 溶液,观察电压又有什么变化?

3. 浓度和酸度对氧化还原产物的影响

（1）往 0.7mL 井穴板的两个孔穴中各加入一粒锌粒,再分别加入 2 滴浓 HNO_3 和 $2mol \cdot L^{-1}$ HNO_3 溶液,观察现象。它们的反应产物有何不同? 浓 HNO_3 被还原后的主要产物可通过观察气体产物的颜色来判断。稀 HNO_3 的还原产物可用检验溶液中是否有 NH_4^+ 离子生成的办法来确定。气室法检验 NH_4^+ 离子:取待测液 2 滴置于 0.7mL 井穴板的孔穴中,再小心滴入 $6mol \cdot L^{-1}$ NaOH 至溶液呈碱性(注意 NaOH 不要溅在井穴外沿上),用一块已用水湿润的 pH 试纸把井穴盖实,如 pH 试纸显碱性,则示有 NH_4^+ 离子,必要时井穴板可在水浴上加热。(此实验也可用小试管代替井穴板)

（2）在 0.7mL 井穴板的 3 个孔穴中各加入 2 滴 $0.1mol \cdot L^{-1}$ Na_2SO_3 溶液,然后在第一个孔穴中加 2 滴 $1mol \cdot L^{-1}$ H_2SO_4 溶液,第二孔穴中加 2 滴水,第三个孔穴中加 2 滴 $6mol \cdot L^{-1}$ NaOH 溶液,然后往三个孔穴中各滴 1 滴 $0.01mol \cdot L^{-1}$ $KMnO_4$ 溶液,观察反应产物有何不同? 写出反应式。

4. 浓度和酸度对氧化还原反应方向的影响

（1）浓度的影响

1）往盛有 2 滴水、2 滴四氯化碳和 2 滴 $0.1mol \cdot L^{-1}$ $Fe_2(SO_4)_3$ 溶液的小试管中,加入 2 滴 $0.1mol \cdot L^{-1}$ KI 溶液,振荡后观察四氯化碳层的颜色。

2）往盛有 2 滴四氯化碳、2 滴 $0.1mol \cdot L^{-1}$ $FeSO_4$、2 滴 $0.1mol \cdot L^{-1}$ $Fe_2(SO_4)_3$ 溶液的试管中,加入 2 滴 $0.1mol \cdot L^{-1}$ KI 溶液,振荡后观察四氯化碳层的颜色与上实验中四氯化碳层颜色有无区别? $FeSO_4$、$Fe_2(SO_4)_3$ 亦可用硫酸亚铁铵、硫酸铁铵溶液代替。

3）在实验(1)的试管中,加入氟化铵固体少许,振荡试管,观察四氯化碳层颜色的变化。说明浓度对氧化还原反应方向的影响。

（2）酸度的影响:在 0.7mL 井穴板的一个孔穴中加 2 滴 $0.1mol \cdot L^{-1}$ Na_3AsO_3 溶液和 1 滴淀粉溶液,再加 1~2 滴碘水,观察溶液的颜色,然后加 2~3 滴 HCl 溶液,又有何变化? 再加 2~3 滴 $6mol \cdot L^{-1}$ NaOH 溶液,搅拌,有何现象? 试加以解释。

5. 酸度对氧化还原反应速率的影响　在 0.7mL 井穴板的两个孔穴中各加 2~3 滴 $0.1mol \cdot L^{-1}$ KBr 溶液,再分别加 $3mol \cdot L^{-1}$ H_2SO_4、$6mol \cdot L^{-1}$HAc 溶液各 1 滴,然后各加入 1 滴 $0.01mol \cdot L^{-1}$ $KMnO_4$ 溶液,观察并比较两个孔穴中紫色褪色的快慢等现象,分别写出反

应方程式。(现象不明显时可水浴加热)

五、思　考　题

1. 若用适量溴水、碘水分别与同浓度硫酸亚铁溶液反应,估计四氯化碳层的颜色。这与实验内容 1 所得结论是否一致?
2. 通过实验内容 4(2)说明酸度对氧化还原反应方向的影响。
3. 自行设计实验,确定 Zn^{2+}/Zn、Pb^{2+}/Pb、Cu^{2+}/Cu 三个电对的电极电势相对大小。
4. 通过本实验归纳影响电极电势的因素,是如何影响的?
5. 实验中,对"电极本性对电极电势的影响",你是如何理解的?
6. 本实验中,哪个实验能说明浓度对反应速率的影响?
7. 实验内容 5 能否说明在酸度较高时,高锰酸钾的氧化性较强? 为什么?

实验五　配位反应和配位平衡

一、实　验　目　的

1. 了解配合物的生成及配离子的性质。
2. 比较配合物与简单化合物和复盐的区别。
3. 掌握影响配位平衡移动的因素。

二、实　验　原　理

由中心离子(或原子)和一定数目的中性分子或阴离子通过形成配位共价键相结合而成的复杂结构单元称配合单元,凡是由配合单元组成的化合物称配位化合物。在配合物中,中心离子已体现不出其游离存在时的性质。而在简单化合物或复盐的溶液中,各种离子都能体现出游离离子的性质。由此,可以区分出有无配合物存在。

配合物在水溶液中的稳定性可以用稳定常数 K_f^θ 来表示。在一定温度下,若金属离子 M 与配体 L 形成配合物,存在下列配位平衡

$$M^{n+} + aL^- \underset{\text{离解}}{\overset{\text{形成}}{\rightleftharpoons}} MLa^{n-a}$$

$$K_f^\theta = \frac{\{c(MLa^{n-a})/c^\theta\}}{\{c(M^{n+})/c^\theta\}\{c(L^-)/c^\theta\}^n}$$

根据化学平衡的知识可知,增加配体或金属离子浓度有利于配合物的形成,而降低配体或金属离子的浓度则有利于配合物的离解。因此,弱酸或弱碱作为配体时,溶液酸碱性的改变会导致配合物的离解。若有沉淀剂能与中心离子形成沉淀反应,则会减少中心离子的浓度,使配合平衡朝离解的方向移动,最终导致配合物的离解。若另加入一种配体,能与中心离子形成稳定性更好的配合物,则又可能使沉淀溶解。总之,配合平衡与沉淀平衡的关系是朝着生成更难离解或更难溶解的物质的方向移动。

中心离子与配体结合形成配合物后,由于中心离子的浓度发生了改变,因此电极电势值也改变,从而改变了中心离子的氧化还原能力。

中心离子与多基配体反应可生成具有环状结构的稳定性很好的螯合物。很多金属螯合物具有特征颜色,且难溶于水而易溶于有机溶剂。有些特征反应常用来作为金属离子的鉴定反应。

三、仪器和药品

1. 仪器 井穴板,多用滴管,小试管,离心试管,白瓷点滴板,离心机。

2. 药品 H_2SO_4($1mol \cdot L^{-1}$),NaOH($6mol \cdot L^{-1}$),$NH_3 \cdot H_2O$($2mol \cdot L^{-1}$),Na_2S($0.1mol \cdot L^{-1}$),$BaCl_2$($1mol \cdot L^{-1}$),$Fe(NO_3)_3$($0.1mol \cdot L^{-1}$),$FeSO_4$($0.1mol \cdot L^{-1}$),$CuSO_4$($1mol \cdot L^{-1}$),$AgNO_3$($0.1mol \cdot L^{-1}$),KBr($0.1mol \cdot L^{-1}$),KI($0.1mol \cdot L^{-1}$),KCN($0.1mol \cdot L^{-1}$),NH_4F($2mol \cdot L^{-1}$),NH_4SCN($0.1mol \cdot L^{-1}$),$NiSO_4$($0.2mol \cdot L^{-1}$),$(NH_4)_2C_2O_4$(饱和),$Na_2S_2O_3$($0.1mol \cdot L^{-1}$),$K_3[Fe(CN)_6]$($0.1mol \cdot L^{-1}$),$(NH_4)_2Fe(SO_4)_2$($0.1mol \cdot L^{-1}$),$Na_3[Co(NO_2)_6]$($0.5mol \cdot L^{-1}$),EDTA($0.1mol \cdot L^{-1}$),邻菲罗啉(0.25%),二乙酰二肟(1%),无水乙醇,四氯化碳。

四、实 验 内 容

1. 配合物与简单化合物和复盐的区别

(1) 在 0.7mL 井穴板的 1#、2#、3# 孔穴中均加入 $1mol \cdot L^{-1}$ $CuSO_4$ 溶液,逐滴加入 $2mol \cdot L^{-1}$ $NH_3 \cdot H_2O$,至产生沉淀后仍继续滴加氨水,直至变为深蓝色溶液。在 1#,2# 孔穴中分别加 1~2 滴 NaOH 溶液、$BaCl_2$ 溶液。有何现象?将此现象与 $CuSO_4$ 溶液中分别滴加 NaOH、$BaCl_2$ 溶液的现象进行比较。解释这些现象。

在 3# 孔穴中加入几滴无水乙醇,观察现象。

(2) 用实验说明 $K_3[Fe(CN)_6]$ 是配合物,$(NH_4)_2Fe(SO_4)_2$ 是复盐,写出实验步骤。

2. 配位平衡的移动

(1) 配离子之间的转化:取 1 滴 $0.1mol \cdot L^{-1}$ $Fe(NO_3)_3$ 溶液于井穴板的孔穴中,滴加 1 滴 $0.1mol \cdot L^{-1}$ NH_4SCN 溶液,溶液呈何颜色?然后滴加 $2mol \cdot L^{-1}$ NH_4F 溶液(约 3 滴)至溶液变为无色,再加 2 滴饱和 $(NH_4)_2C_2O_4$ 溶液至溶液变为黄绿色。写出反应方程式并加以说明。

(2) 配位平衡与沉淀溶解平衡:在孔穴中加入 $0.1mol \cdot L^{-1}$ $AgNO_3$ 溶液 2 滴,滴入 $0.1mol \cdot L^{-1}$ KBr 溶液 1 滴,有什么现象?再加入 1 滴 $0.1mol \cdot L^{-1}$ $Na_2S_2O_3$ 溶液有什么现象?再向试管中滴入 $0.1mol \cdot L^{-1}$ KI 溶液 1 滴,又有什么现象?然后滴入 $0.1 mol \cdot L^{-1}$ KCN 溶液(极毒! 实验后废液不要倒入下水道),出现什么现象?再向试管中滴入 $0.1mol \cdot L^{-1}$ Na_2S 溶液又出现什么现象?根据难溶物的溶度积和配离子的稳定常数解释上述一系列现象,并写出有关离子反应方程式。

(3) 配位平衡和氧化还原反应:取两支试管各加入 $0.5mol \cdot L^{-1}$ $Fe(NO_3)_3$ 溶液,然后向一支试管中加入 0.5mL 饱和 $(NH_4)_2C_2O_4$ 溶液,另一试管中加 0.5mL 蒸馏水,再向 2 支试管中各加 $0.5mol \cdot L^{-1}$ KI 溶液和 1mL 四氯化碳,摇动试管。观察两支试管中四氯化碳层的颜色。解释实验现象。

（4）配位平衡和酸碱反应

1）在井穴板的孔穴中加入 2 滴自制的 $[Cu(NH_3)_4]^{2+}$ 溶液,加入 1 滴稀硫酸溶液,至溶液呈酸性,观察现象。

2）取 $0.5mol\cdot L^{-1}$ $Na_3[Co(NO_2)_6]$ 溶液,逐滴加入 $6mol\cdot L^{-1}$ NaOH 溶液,振荡试管,有何现象。解释酸碱性对配位平衡的影响。

3. 螯合物的形成

（1）分别在两个孔穴中加 3 滴硫氰酸铁溶液和 3 滴 $[Cu(NH_3)_4]^{2+}$ 溶液(自己制备),再滴加 $0.1mol\cdot L^{-1}$ EDTA 溶液,各有何现象产生？解释发生的现象。

（2）Fe^{2+} 离子与邻菲罗啉在微酸性溶液中反应,生成橘红色的配离子。

在白瓷点滴板上滴 1 滴 $0.1mol\cdot L^{-1}$ $FeSO_4$ 溶液和 2~3 滴 0.25% 邻菲罗啉溶液,观察现象。

（3）Ni^{2+} 离子与二乙酰二肟反应而生成鲜红色的内络盐沉淀。

H^+ 离子浓度过大不利于 Ni^{2+} 离子生成内络盐,而 OH^- 离子的浓度也不宜太高,否则会生成氢氧化镍沉淀。合适的酸度是 pH 为 5~10。

在白色点滴板上滴 1 滴 $0.2mol\cdot L^{-1}$ $NiSO_4$ 溶液,1 滴 $0.1mol\cdot L^{-1}$ 氨水和 1 滴 1% 二乙酰二肟溶液,观察有什么现象。

五、思　考　题

1. 配合物与复盐的主要区别是什么？如何判断某化合物是配合物？

2. 怎样比较水溶液中配离子的稳定性？

3. 总结本实验中所观察到的现象,说明有哪些因素影响配位平衡。

4. 为什么硫化钠溶液不能使亚铁氰化钾溶液产生硫化亚铁沉淀,而饱和的硫化氢溶液能使铜氨配合物的溶液产生硫化铜沉淀？

5. 实验中所用的 EDTA 是什么物质？它与金属离子形成配离子有何特点？写出 Fe^{2+} 离子与 EDTA 形成配离子的结构式。

实验六　电导法测定硫酸钡的溶度积常数

一、实 验 目 的

1. 通过测定硫酸钡的溶度积常数,加深对溶度积概念的理解。
2. 练习制备硫酸钡沉淀及其饱和溶液的基本操作。
3. 掌握电导率仪的原理和使用方法。

二、实 验 原 理

测定难溶电解质溶度积常用的方法有观察法、目视比色法、分光光度法、电动势法、电导法等。

本实验采用电导法。电解质导电能力大小,通常以电阻 R 或电导 $G=1/R$ 来表示。在国际单位制(SI)中,电阻 R 的单位为 Ω,电导的单位是 S(西门子),$1S=1\Omega^{-1}$。

1. 电导率(k)　若导体具有均匀截面,其电导与截面积(A)成正比,与长度(L)成反比,即

$$G=kA/L \tag{4-6-1}$$

式中,k 为比例常数,即电导率,k 表示长 1m,截面积为 1m^2 的两个电极之间溶液的电导,单位为 $s \cdot m^{-1}$。(在电导池中,所有的电极距离和面积是一定的,所以对某一电极来说,A/L 为一常数)。

2. 摩尔电导率(λ_m)　在一定温度下,在相距 1m 的两个平行电极之间,放置含有 1mol 电解质的溶液,此溶液的电导称为摩尔电导率,用 λ_m 表示,单位为 $s \cdot m^2 \cdot mol^{-1}$。因为电解质的量规定为 1mol,故电解质溶液的体积随溶液的浓度而改变。若溶液的浓度为 c(mol $\cdot$ m^{-3}),则含有 1mol 电解质溶液的体积为 $V=1/c$($m^3 \cdot mol^{-1}$)。

这样,摩尔电导率 λ_m 与电导率 k 的关系为

$$\lambda_m=kv=k/c(s \cdot m^2 \cdot mol^{-1}) \tag{4-6-2}$$

当溶液无限稀释时,正负离子之间的影响趋于零,λ_m 可认为到达最大值,用 λ_∞ 表示,称极限摩尔电导。实验证明:当溶液无限稀释时,每种电解质的 λ_∞ 可认为是两种粒子的电导率的简单计算加和,即

$$\lambda_\infty=\lambda_\infty(+)+\lambda_\infty(-) \tag{4-6-3}$$

3. 难溶电解质硫酸钡的溶度积　在硫酸钡的饱和溶液中,存在下列平衡

$$BaSO_4(S) \Longleftrightarrow Ba^{2+}(aq)+SO_4^{2-}(aq)$$

在一定温度下,其溶度积为

$$K_{SP}^{\theta}(BaSO_4)=[c(Ba^{2+})/c^{\theta}][c(SO_4^{2-})/c^{\theta}] \tag{4-6-4}$$

由于硫酸钡的溶度积很小,它的饱和溶液可近似地看成无限稀释的溶液,则

$$\lambda_\infty(BaSO_4)=\lambda_\infty(Ba^{2+})+\lambda_\infty(SO_4^{2-}) \tag{4-6-5}$$

式中,$\lambda_\infty(Ba^{2+})$ 和 $\lambda_\infty(SO_4^{2-})$ 可查阅物理化学手册。因此,只要测得硫酸钡饱和溶液的电导率 $k(BaSO_4)$[或电导 $G(BaSO_4)$]即可采用式(4-6-2)计算出硫酸钡饱和溶液的摩尔浓度(即溶解度)$c(BaSO_4)$(mol $\cdot$ L^{-1})。

$$c(\text{BaSO}_4) = \frac{1000\lambda_\infty(\text{BaSO}_4)}{k(\text{BaSO}_4)} \qquad (4\text{-}6\text{-}6)$$

则

$$K_{\text{SP}}^{\theta}(\text{BaSO}_4) = \left[c(\text{Ba}^{2+})/c^{\theta}\right]\left[c(\text{SO}_4^{2-})/c^{\theta}\right] = \left[\frac{k(\text{BaSO}_4)}{1000\lambda_\infty(\text{BaSO}_4)}\right]^2 \qquad (4\text{-}6\text{-}7)$$

应注意的是,测得的硫酸钡饱和溶液的电导率 $k(\text{BaSO}_4$溶液$)$[或电导 $G(\text{BaSO}_4$溶液$)$]都包括了水离解出的 H^+ 和 OH^- 的 $k(\text{H}_2\text{O})$[或电导 $G(\text{H}_2\text{O})$],所以

$$k(\text{BaSO}_4) = k(\text{BaSO}_4\text{溶液}) - k(\text{H}_2\text{O}) \qquad (4\text{-}6\text{-}8)$$
$$G(\text{BaSO}_4) = G(\text{BaSO}_4\text{溶液}) - G(\text{H}_2\text{O}) \qquad (4\text{-}6\text{-}8')$$

将式(4-6-8)代入式(4-6-7)得

$$K_{\text{SP}}^{\theta}(\text{BaSO}_4) = \left[\frac{k(\text{BaSO}_4\text{溶液}) - k(\text{H}_2\text{O})}{1000\lambda_\infty(\text{BaSO}_4)}\right]^2 \qquad (4\text{-}6\text{-}9)$$

由式(4-6-1)、式(4-6-8′)和式(4-6-9)也可以得

$$K_{\text{SP}}^{\theta}(\text{BaSO}_4) = \left\{\frac{\left[G(\text{BaSO}_4\text{溶液}) - G(\text{H}_2\text{O})\right]L/A}{1000\lambda_\infty(\text{BaSO}_4)}\right\}^2 \qquad (4\text{-}6\text{-}10)$$

三、仪器和药品

1. 仪器 电导率仪或电导仪,铂黑电极,天平,离心机,烧杯(50mL),量筒(25mL),普通过滤装置。
2. 药品 BaCl_2,$\text{Na}_2\text{SO}_4 \cdot 10\text{H}_2\text{O}$。

四、实验内容

1. 硫酸钡沉淀的制备 分别称取 0.21g BaCl_2 和 0.32g $\text{Na}_2\text{SO}_4 \cdot 10\text{H}_2\text{O}$ 晶体,分别放于两个 50mL 干净的烧杯中,各加入蒸馏水 20mL,搅拌使其溶解(必要时要微热),将盛有 Na_2SO_4 溶液的小烧杯加热,在搅拌下缓慢将 BaCl_2 溶液滴加到 Na_2SO_4 溶液中,直至 BaCl_2 溶液加完后,再继续加热至沸 3~5min,静止,陈化(陈化时间应多于 15min)。

将陈化后的硫酸钡沉淀的上清液弃去,用近沸纯水采取离心分离或倾泻法洗涤沉淀至无氯离子(即按 2 的方法配制的硫酸钡饱和溶液的电导率不变)为止,即制得纯净的 BaSO_4 沉淀。

2. 硫酸钡饱和溶液的制备 将制得的硫酸钡沉淀置于 50mL 的烧杯中,加入 25mL 蒸馏水,加热 3~5min(注意不断搅拌),静置冷却至室温,过滤,滤液备测定用。

3. 测定电导率或电导
(1) 用电导率仪或电导仪测定 BaSO_4 饱和溶液的电导率 k 或电导 G。
(2) 测定制备 BaSO_4 溶液时用的水的电导率 k 或电导 G(测定时的操作要迅速)。

五、数据记录及处理

室温/℃	$k(\text{BaSO}_4)/\text{S} \cdot \text{m}^{-1}$	$k(\text{H}_2\text{O})/\text{S} \cdot \text{m}^{-1}$	$K_{\text{sp}}^{\theta}(\text{BaSO}_4)$

六、思 考 题

1. 实验所用蒸馏水的电导率应控制在 5×10^{-4} s·m^{-1} 左右,这样才可使 $K_{sp}^{\theta}(BaSO_4)$ 能较好地接近文献值。

2. 为了保证 $BaSO_4$ 饱和溶液的饱和度,在测定 $K_{sp}^{\theta}(BaSO_4)$ 时一定要使盛 $BaSO_4$ 饱和溶液的小烧杯下层有 $BaSO_4$ 晶体,上层是清液。为什么?

3. 制备好的硫酸钡为什么要陈化?

4. 如何正确使用电导仪?

实验七　银氨配离子配位数的测定

一、实 验 目 的

1. 应用配位平衡和溶度积原理测定银氨配离子 $[Ag(NH_3)_n]^+$ 的配位数 n。

2. 熟悉微型滴定的操作方法。

二、实 验 原 理

在 $AgNO_3$ 溶液中加入过量氨水即生成稳定的 $[Ag(NH_3)_n]^+$,再往溶液中加入 KBr 溶液,直至刚刚出现 AgBr 沉淀(混浊)为止。这时混合液中同时存在如下平衡

$$Ag^+ + nNH_3 \rightleftharpoons [Ag(NH_3)_n]^+ \qquad K_f^{\theta} = \frac{c\{[Ag(NH_3)_n]^+\}}{c(Ag^+) \cdot c^n(NH_3)}$$

$$AgBr \rightleftharpoons Ag^+ + Br^- \qquad K_{SP}^{\theta} = c(Ag^+) \cdot c(Br^-)$$

上两个平衡中 $c(Ag^+)$ 必须同时满足上述两个平衡,即下述反应达到平衡

$$AgBr + nNH_3 \rightleftharpoons [Ag(NH_3)_n]^+ + Br^-$$

此时,该反应的平衡常数为

$$K^{\theta} = \frac{c\{[Ag(NH_3)_n]^+\} c(Br^-)}{c^n(NH_3)} = K_{SP}^{\theta} \cdot K_f^{\theta}$$

两边取对数,整理得直线方程

$$\lg\{c[Ag(NH_3)_n]^+ \cdot c(Br^-)\} = \lg K^{\theta} + n\lg c(NH_3)$$

以 $\lg\{c[Ag(NH_3)_n]^+ \cdot c(Br^-)\}$ 为纵坐标,$\lg c(NH_3)$ 为横坐标作图,所得直线斜率(取最接近的整数)即为 $[Ag(NH_3)_n]^+$ 配离子的配位数 n。

式中 $c(Br^-)$,$c[Ag(NH_3)_n]^+$,$c(NH_3)$ 均为平衡时的浓度(mol·L^{-1})。因本实验采用四支多用滴定管分别吸取三种溶液和蒸馏水,用同一微量滴头进行计量滴定,所以可用各溶液所取滴数和有关的原始浓度 $c_0(Br^-)$,$c_0(Ag^+)$,$c_0(NH_3)$ 对各平衡浓度进行如下计算

$$c(Br^-) = c_0(Br^-) \times Br^- 滴数/总滴数$$

$$c[Ag(NH_3)_n^+] = c_0(Ag^+) \times Ag^+ 滴数/总滴数$$

$$c(NH_3) = c_0(NH_3) \times NH_3 滴数/总滴数$$

三、仪器和药品

1. 仪器 滴定管(3mL),微型滴头(约 40 滴/mL),小烧杯(10mL),洗瓶。
2. 药品 $0.010\,mol\cdot L^{-1}$ $AgNO_3$,$2.0\,mol\cdot L^{-1}$ 氨水,$0.010\,mol\cdot L^{-1}$ KBr。

四、实 验 内 容

1. 取四支滴管,分别吸取 $0.010\,mol\cdot L^{-1}$ $AgNO_3$,$2.0\,mol\cdot L^{-1}$ 氨水,$0.010\,mol\cdot L^{-1}$ KBr 和蒸馏水,并贴上标签。

2. 将微量滴头套紧在装有 $AgNO_3$ 溶液的滴管上,挤出少量溶液冲洗滴头,然后在六个洁净干燥的 10mL 小烧杯中分别加入 20 滴 $AgNO_3$ 溶液。

3. 取下滴头用蒸馏水冲洗,再套紧在装有氨水的滴管上,氨水冲洗后,按表 4-11 中各编号所示的滴数分别将氨水加到烧杯中。

表 4-11　$[Ag(NH_3)_n]^+$ 配离子配位数的测定

编号	加入滴数					平衡时离子浓度/$(mol\cdot L^{-1})$			$lg\{c[Ag(NH_3)_n^+]\cdot c(Br^-)\}$	$lg[c(NH_3)]$
	Ag^+	NH_3	H_2O	Br^-	总数	Br^-	$[Ag(NH_3)_n]^+$	NH_3		
1	20	40	10							
2	20	35	15							
3	20	30	20							
4	20	25	25							
5	20	20	30							
6	20	15	35							

4. 按上述同样的方法加入蒸馏水。
5. 将微量滴头套紧在装有 KBr 溶液的滴管上,经 KBr 冲洗后,按编号向烧杯内滴入 KBr 溶液,并不断搅拌,滴至产生的 AgBr 混浊刚刚不消失为止。记下各烧杯中所加 KBr 溶液的滴数,填入表 4-11 中。

五、实 验 数 据 与 处 理

由于 $lg\{c[Ag(NH_3)_n]^+\cdot c(Br^-)\}$,$lgc(NH_3)$ 均为负值,为了方便,我们可以对它们取负变成正值后再进行作图,即以 $-lg\{c[Ag(NH_3)_n^+]\cdot c(Br^-)\}$ 作为纵坐标,以 $-lgc(NH_3)$ 作为横坐标作图。通过作图得到一直线,计算直线的斜率,求出 $[Ag(NH_3)_n^+]$ 的配位数 n。

六、思 考 题

1. 本实验中所用的烧杯为什么是干燥的?
2. 在计算平衡浓度 $c(Br^-)$、$c[Ag(NH_3)_n^+]$ 和 $c(NH_3)$ 时,为何不考虑生成 AgBr 沉淀时消耗掉的 Br^- 和 Ag^+,以及配离子离解出来的 Ag^+ 和生成配离子时消耗掉的 NH_3 分子的浓度?
3. 在其他实验条件完全相同的情况下,能否用相同浓度的 KCl 和 KI 溶液进行本实验?

为什么？

4. 若 $K_{SP}^{\theta}(\text{AgBr}) = 4.1 \times 10^{-13}(291\text{K})$，由本实验数据如何求出 $[\text{Ag}(\text{NH}_3)_n^+]$ 的稳定常数？

实验八　磺基水杨酸合铁(Ⅲ)配合物的组成与稳定常数的测定

一、实 验 目 的

1. 了解分光光度法测定配合物的组成及配合物的稳定常数的原理和方法。
2. 学习分光光度计的使用方法及有关数据的处理。

二、实 验 原 理

根据郎伯-比尔定律，$D = Kcl$，如液层的厚度 l 不变，光密度(或吸光度，有色物质对光的吸收程度)D 只与有色物质的浓度 c 成正比。K 为特征常数。

设中心离子 M 和配位体 L 在给定条件下反应，只生成一种有色离子或配合物

$$M + nL = ML_n (略去电荷)$$

如果 M 和 L 都是无色的，而 ML_n 有色，则此溶液的吸光度与配合物的浓度成正比。测得此溶液的吸光度，即可求出该配合物的组成和稳定常数。本实验采用等摩尔系列法(又称 Job 法)进行测定。

所谓等摩尔系列法，就是保持溶液中中心离子浓度与配位体浓度之和不变，改变中心离子与配位体的相对量，配制成一系列溶液，其中有一些溶液的中心离子是过量的，而有一些溶液的配位体是过量的。在这两种情况下配位离子浓度都不能达到最大值，只有当溶液中中心离子与配位体的物质的量之比与配位离子的组成一致时，配位离子的浓度才能最大，吸光度也最大。

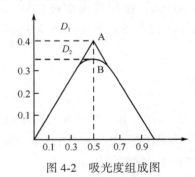

图 4-2　吸光度组成图

若以吸光度对配位体的摩尔分数作图，则从图上吸收处的摩尔分数，可以求得组成 n 值。如图 4-2 所示，在摩尔分数为 0.5 处为最大吸收，则

(配位体物质的量/总物质的量)= 0.5

(中心离子物质的量/总物质的量)= 0.5

所以，n=配位体物质的量/中心离子物质的量=1

即求出此配合物的组成为 ML 型。

配合物稳定常数的求法：

如图 4-2 所示，在 A 处的吸光度 D_1 被认为是 M 和 L 全部形成了配合物时的吸光度，在 B 处的吸光度 D_2 是由于 ML 发生部分解离而剩下的那部分配合物的吸光度。因此配合物 ML 的水解度 α

$$\alpha = (D_1 - D_2)/D_1$$

配合物 ML 的稳定常数可由下列平衡关系导出

	ML	=	M	+	L
开始浓度	c		0		0
平衡浓度	$c - c\alpha$		$c\alpha$		$c\alpha$

$$K^{\theta} = \frac{c(\text{ML})/c^{\theta}}{\left[c(\text{M})/c^{\theta}\right]\left[c(\text{L})/c^{\theta}\right]} = \frac{1-a}{c\alpha^2}$$

其中 c 是相应于 A 点的中心离子浓度。注意:这里求出的 K^{θ}(稳)是表观稳定常数,欲求得热力学稳定常数,必须根据实验条件(离子强度、pH 等)进行校正。

本实验测定磺基水杨酸与 Fe^{3+} 形成的螯合物的组成及稳定常数。形成的螯合物的组成因 pH 的不同而不同。在 pH<4 时,形成 1:1 的螯合物,呈紫红色。

在 pH 为 10 左右时可形成 1:3 的螯合物,呈黄色。在 pH 为 4~10 之间生成红色的 1:2 的螯合物。本实验是在 pH 为 2.0 时测定 Fe^{3+} 与磺基水杨酸形成的螯合物的组成及稳定常数。

三、仪器和药品

1. 仪器　722 型分光光度计,小烧杯,吸量管。
2. 药品　0.01mol·L⁻¹ HClO₄,0.0010mol·L⁻¹ H₃L(磺基水杨酸),0.0010mol·L⁻¹ Fe^{3+}溶液。

四、实 验 内 容

1. 配制系列溶液　按表 4-12 中的数量在 11 只编号的小烧杯中都加入 10.0mL 浓度为 0.012mol·L⁻¹的 HClO₄。依次向 1~11 号烧杯中分别加入 10.0mL、9.0mL、8.0mL、7.0mL、6.0mL、5.0mL、4.0mL、3.0mL、2.0mL、1.0mL、0.0mL 浓度为 0.00100mol·L⁻¹的 H₃L(磺基水杨酸)溶液,再依次分别加入 0.0mL、1.0mL、2.0mL、3.0mL、4.0mL、5.0mL、6.0mL、7.0mL、8.0mL、9.0mL 的 0.00100mol·L⁻¹ Fe^{3+}溶液,摇匀。

表 4-12　磺基水杨酸铁系列溶液吸光度

序号	HClO₄/mL	H₃L/mL	Fe^{3+}/mL	Fe^{3+}摩尔分数	吸光度 D
1	10.0	10.0	0.0	0	
2	10.0	9.0	1.0	0.1	
3	10.0	8.0	2.0	0.2	
4	10.0	7.0	3.0	0.3	
5	10.0	6.0	4.0	0.4	
6	10.0	5.0	5.0	0.5	
7	10.0	4.0	6.0	0.6	
8	10.0	3.0	7.0	0.7	
9	10.0	2.0	8.0	0.8	
10	10.0	1.0	9.0	0.9	
11	10.0	0.0	10.0	1.0	

2. 测定系列溶液的吸光度　用 722 型分光光度计(光源波长为 500nm)测定系列溶液的吸光度。比色皿为 1.0cm,参比溶液用 0.01mol·L⁻¹ HClO₄。

五、实验数据处理

以吸光度对磺基水杨酸的摩尔分数作图,从图中找出最大吸收峰,进而求出配合物的组成和稳定常数。

六、思　考　题

1. 用等摩尔系列法测定配合物组成时,为什么说溶液中的离子与配位体的物质的量之比正好与配离子组成相同时,配离子的浓度最大?

2. 在测定吸光度时,如果温度变化较大,对测得的稳定常数有何影响?

3. 实验中,每个溶液的 pH 是否一样? 如不一样对结果有何影响?

4. 在使用比色皿时,操作上有哪些应注意之处?

第五章　综合性实验

实验九　氯化钠的提纯

一、实 验 目 的

1. 了解化学试剂的制备及提纯的基本方法。
2. 掌握溶解、过滤、减压过滤、蒸发、结晶、干燥等基本操作。

二、实 验 原 理

化学试剂或医用的 NaCl 都是以粗盐为原料提纯的。粗盐中含有钙、镁、钾离子和硫酸根等可溶性杂质及泥沙等不溶性杂质,选择适当的试剂可使 Ca^{2+}、Mg^{2+}、SO_4^{2-} 这些离子生成难溶化合物的沉淀而被除去。首先在食盐中加入 $BaCl_2$ 溶液,除去 SO_4^{2-},再在溶液中加入 Na_2CO_3 溶液,除去 Ca^{2+}、Mg^{2+} 和过量的 Ba^{2+}。

$$SO_4^{2-} + Ba^{2+} = BaSO_4 \downarrow$$

$$Ca^{2+} + CO_3^{2-} = CaCO_3 \downarrow$$

$$Ba^{2+} + CO_3^{2-} = BaCO_3 \downarrow$$

$$2Mg^{2+} + CO_3^{2-} + 2OH^- = Mg(OH)_2 \cdot MgCO_3 \downarrow$$

过量的 Na_2CO_3 溶液用 HCl 中和,粗盐中的 K^+ 离子和这些沉淀剂不起作用,仍留在溶液中,由于 KCl 的溶解度大于 NaCl 的溶解度,而且在粗盐中含量较少,所以在蒸发和浓缩食盐溶液时,NaCl 先结晶出来,而 KCl 则留在溶液中。利用上面这些方法和步骤,即可达到提纯氯化钠的目的。

三、仪 器 和 药 品

1. 仪器　台秤,小烧杯(25mL),量筒(10mL),漏斗,蒸发皿(30mL),减压过滤装置。
2. 药品　HCl(2.0mol·L^{-1}),$BaCl_2$(1.0mol·L^{-1}),饱和 Na_2CO_3,饱和 $(NH_4)_2C_2O_4$,NaOH(2.0mol·L^{-1}),0.1000mol·L^{-1} $AgNO_3$,镁试剂,0.5%荧光素指示液,1%淀粉。
3. 其他　pH 试纸,滤纸。

四、实 验 内 容

1. 称量　用台秤称取 2g 粗食盐,将其准确质量记录在实验记录本上。
2. 溶解　把称好的粗食盐倒入干净的烧杯中,用量筒取 10mL 蒸馏水,加入盛粗食盐的烧杯中,用玻璃棒轻轻搅拌,加热使之溶解。
3. 沉淀　在上述溶液中用滴管逐滴加入 1.0mol·$L^{-1}BaCl_2$ 溶液约 1.0mL(约 10~15 滴),充分搅拌,并将溶液加热使生成的沉淀沉降。然后沿烧杯壁往上清液中加 2~3 滴

$BaCl_2$ 溶液,观察是否出现浑浊。若出现浑浊,则说明 SO_4^{2-} 等离子还没除尽,应在原溶液中继续滴加 $BaCl_2$ 溶液 5~10 滴,直至 SO_4^{2-} 离子沉淀完全为止。

4. 过滤　折好滤纸,准备好过滤装置。将带有沉淀的溶液加热至沸。把烧杯中的溶液沿玻璃棒注入漏斗,每次添加都要小心,不要将溶液洒落。待溶液倾倒完后,从洗瓶中挤出少量水淋洗烧杯 1~2 次,洗涤液需完全滤入小烧杯中。

5. 再沉淀　将滤去了 $BaSO_4$ 及不溶性杂质的滤液进行再沉淀,以除去其中金属阳离子杂质。在溶液中缓慢加入 5 滴 2.0mol·L^{-1} NaOH 溶液和 1mL 饱和 Na_2CO_3 溶液(用滴管加),并充分搅拌,加热至沸,然后在上清液中加入 2~3 滴饱和 Na_2CO_3 溶液,检查是否沉淀完全。必要时可再加饱和 Na_2CO_3 溶液数滴,直至检查不出浑浊为止。将溶液加热至沸,按操作 4 再过滤一次。

6. 中和　向滤液中边搅拌,边逐滴加入 2.0mol·L^{-1} HCl,以除去多余的 CO_3^{2-}。滴加过程中,随时用 pH 试纸检验溶液的酸度,直至溶液呈微酸性(pH 为 5~6)为止。

7. 蒸发　将中和得到的溶液转移到蒸发皿中,加热浓缩至稀粥状后冷却至室温。

8. 抽滤　将蒸发得到的溶液和结晶,进行抽滤,除去 K^+、NO_3^- 等可溶性杂质。

9. 产品检验　分别称取提纯前和提纯后的食盐 0.3g 产品溶于 2mL 蒸馏水中,分别分成 3 份。

(1) SO_4^{2-} 的检验:加入 1 滴 1.0mol·L^{-1} $BaCl_2$ 溶液,若出现白色沉淀,表示有 SO_4^{2-}。

(2) Ca^{2+} 的检验:加入 1 滴饱和 $(NH_4)_2C_2O_4$ 溶液,若出现白色沉淀,表示有 Ca^{2+}。

(3) Mg^{2+} 的检验:加入 2 滴 2.0mol·L^{-1} NaOH,再加入 1 滴镁试剂,若有蓝色沉淀产生表示有 Mg^{2+}。

(4) 氯化钠含量测定:称取 0.15g 干燥恒重的样品,称准至 0.0002g,溶于 70mL 水中,加 10mL 1% 的淀粉溶液,在摇动下,用 0.1000mol·L^{-1} $AgNO_3$ 标准溶液避光滴定,近终点时加 3 滴 0.5% 荧光素指示液,继续滴定至乳液呈粉红色。

氯化钠含量%(x):$x = \dfrac{\dfrac{V}{1000} \cdot c \times 58.44}{G} \times 100$

式中:V 为硝酸银标准溶液的用量/mL;c 为硝酸银标准溶液的物质的量浓度/mol·L^{-1};G 为样品质量/g。

五、思　考　题

1. 在使用台秤进行称量时,应该注意些什么?

2. 在取用固体试剂和液体试剂时,应该注意些什么?

3. 为什么选用有毒的 $BaCl_2$ 除去 SO_4^{2-},而不用无毒 $CaCl_2$? 过量的 Ba^{2+} 如何除去?

4. 为什么选用 Na_2CO_3 溶液除去 Ca^{2+}、Mg^{2+} 等杂质,而不用别的可溶性碳酸盐? 除去 CO_3^{2-} 为什么要用盐酸而不用其他强酸?

5. 在实验中,为什么要先加入 $BaCl_2$ 溶液,后加入 Na_2CO_3 溶液? 顺序相反是否可以? 为何要分两次过滤?

实验十 硫酸亚铁铵的制备

一、实验目的

1. 了解硫酸亚铁铵的制备原理和方法。
2. 练习并掌握水浴加热、溶解、减压过滤、蒸发、浓缩、结晶、干燥等基本操作。
3. 学习用目视比色法检验产品中杂质 Fe^{3+} 含量的方法。

二、实验原理

硫酸亚铁铵 $(NH_4)_2Fe(SO_4)_2 \cdot 6H_2O$ 俗称摩尔(Mol)盐,是一种复盐,为绿色晶体,较硫酸亚铁稳定,在空气中不易被氧化,易溶于水,难溶于乙醇。$(NH_4)_2Fe(SO_4)_2 \cdot 6H_2O$ 的溶解度比组成它的简单盐的溶解度小得多,见表 5-1。

表 5-1 不同温度下 $(NH_4)_2Fe(SO_4)_2 \cdot 6H_2O$ 及其组分盐的溶解度(g/100g H_2O)

温度/℃	10	20	30	50	70
$(NH_4)_2SO_4$	73.0	75.4	78.0	84.5	91.0
$FeSO_4 \cdot 6H_2O$	20.5	26.6	33.2	48.6	56.0
$(NH_4)_2SO_4 \cdot FeSO_4 \cdot 6H_2O$	18.1	21.2	24.5	31.3	38.5

本实验采用如下方法制备硫酸亚铁铵。

1. 将铁粉(屑)与硫酸作用,得到硫酸亚铁铵溶液

$$Fe+H_2SO_4 \Longrightarrow FeSO_4+H_2\uparrow$$

为阻止 Fe^{2+} 在溶液中被氧化或发生水解,常使硫酸适当过量。

2. 将所得到的 $FeSO_4$ 溶液与等物质量的 $(NH_4)_2SO_4$ 饱和溶液作用,生成硫酸亚铁铵,其溶解度较硫酸亚铁小,通过蒸发浓缩、结晶,可得到浅绿色硫酸亚铁铵晶体。

$$FeSO_4+(NH_4)_2SO_4+6H_2O=(NH_4)_2SO_4 \cdot FeSO_4 \cdot 6H_2O$$

硫酸亚铁铵较稳定,在空气中不易被氧化,在定量分析中常用来作配制亚铁离子的标准溶液。

三、仪器和药品

1. 仪器 锥形瓶(25mL),烧杯(25mL,50mL),酒精灯,石棉网,量筒(10mL),漏斗,漏斗架,玻璃棒,布氏漏斗,吸滤瓶,温度计,蒸发皿,台称,水浴锅(可用烧杯代替),比色管(25mL),吸量管(2mL)。

2. 药品 H_2SO_4(浓 H_2SO_4,3.0mol·L^{-1}),$(NH_4)_2SO_4$(固体),Na_2CO_3(1mol·L^{-1}),KSCN(1.0mol·L^{-1}),1.0mol·L^{-1}HCl,铁屑(或铁粉),乙醇溶液。

四、实验内容

1. 硫酸亚铁的制备

(1) 铁屑(或铁粉)的净化:称取一定量的铁屑(或铁粉)于锥形瓶中,加入 1mol·L^{-1} Na_2CO_3 溶液 5.0mL,加热煮沸 5min,用清水洗去铁屑(或铁粉)表面的油污,用倾斜法除去碱

液。用蒸馏水洗涤铁屑(或铁粉)至中性,若铁屑干净可省去碱洗操作。用乙醇洗涤,晾干备用。

(2) 硫酸亚铁的制备:称取 1.0g 预处理过的铁屑(或铁粉)于锥形瓶中,加入 10.0mL3.0mol·L^{-1}H$_2$SO$_4$,75℃水浴加热至不再有气体冒出为止,反应开始时注意温度不应过高,防止因反应过于激烈,使溶液冒出。在加热过程中为防止 FeSO$_4$ 晶体析出(由于水分的蒸发,浓度增大),可适当补充些蒸馏水(不宜过多)。当反应进行到铁粉基本溶解后,趁热过滤,滤液转移到清洁的蒸发皿中,要求溶液的 pH≈1。可用数滴 3.0mol·L^{-1}H$_2$SO$_4$ 洗涤滤纸、锥形瓶及漏斗上的残渣,洗液合并到蒸发皿中。未反应完的铁粉用滤纸吸干后称量,计算已被溶解的铁的质量。

(3) 硫酸亚铁铵的制备:根据反应中溶解的铁量,或生成硫酸亚铁的量,计算所需 (NH$_4$)$_2$SO$_4$ 固体的量(考虑到硫酸亚铁在过滤等操作过程中的损失,其用量大致可按计算得到的理论量的80%计算)。称取固体(NH$_4$)$_2$SO$_4$,并参照表 5-1 不同温度下(NH$_4$)$_2$SO$_4$ 的溶解度数据将其配成饱和溶液,将此溶液倒入上面制得的 FeSO$_4$ 溶液中,用玻璃棒搅拌均匀,用浓 H$_2$SO$_4$ 溶液调节 pH 为 1~2。加热蒸发,浓缩至溶液表面刚有结晶膜出现(蒸发过程中不宜搅动),放置让其慢慢冷却,即有硫酸亚铁铵晶体析出。观察晶体颜色。减压过滤,用少量(约 1.0mL)乙醇洗去晶体表面的水分(继续减压过滤)。将晶体取出,摊在两张干净的滤纸之间,并轻轻吸干母液。称重并计算产率。

$$产率=(实际产量/理论产量)×100\%$$

2. Fe^{3+} 的痕量分析 称取 0.50g 硫酸亚铁铵样品(自制)于 25mL 比色管中,用自配 0.1mol·L^{-1}HCl(用经煮沸除去溶解氧的蒸馏水稀释 1.0mol·L^{-1}HCl 溶液,配制得 50mL 溶液备用)10mL 溶解晶体,再加入 0.5ml(约 10 滴)1.0mol·L^{-1}KSCN 溶液,最后加入自配的稀 HCl 至刻度,摇匀,与标准色阶进行目视比色,参照表 5-2 确定产品等级。

表 5-2 不同等级(NH$_4$)$_2$SO$_4$·FeSO$_4$·6H$_2$O 中 Fe^{3+} 的含量

规格	一级	二级	三级
Fe^{3+} 的含量/(mg·g^{-1})	<0.1	0.1~0.2	0.2~0.4

3. 标准色阶的配制 用吸量管吸取 Fe^{3+} 含量为 0.1000mg·mL^{-1} 的溶液 0.5mL、1.00mL、2.00mL,分别置于 3 支 25mL 比色管中,分别加入 1.0mol·L^{-1}KSCN 溶液 0.5mL,用自配 0.1mol·L^{-1}HCl 溶液稀释到刻度,摇匀,备用。

五、注意事项

1. 铁屑与稀硫酸在水浴下反应时,产生大量的气泡,水浴温度不要高于80℃,否则大量的气泡会从瓶口冲出影响产率,此时应注意一旦有泡沫冲出时要补充少量水。

2. 铁与稀硫酸反应生成的气体中,大量的是氢气,还有少量有毒的 H$_2$S、PH$_3$ 等气体,应注意打开排气扇或通风。

六、思 考 题

1. 在反应过程中,铁和硫酸哪一种应为过量,为什么?反应为什么必须在通风条件下进行?

2. 为什么要保持硫酸亚铁溶液和硫酸亚铁铵溶液有较强的酸性?

3. 浓硫酸的浓度是多少？用浓硫酸配制 $3mol \cdot L^{-1}H_2SO_4$ 溶液 40mL 时，应如何配制？在配制过程中应注意些什么？

实验十一　常见阴离子的定性鉴定及阴离子未知液的分析

一、实验目的

1. 掌握一些常见阴离子的性质、鉴定原理和鉴定反应。
2. 掌握常见阴离子鉴定的基本操作。
3. 掌握试液中未知阴离子的检出与鉴定的方法及步骤。
4. 掌握井穴板操作。

二、实验原理

在水溶液中，非金属元素常以简单或复杂的阴离子形式存在。阴离子在分析过程中容易起变化，不适合进行手续繁多的系统分析。阴离子分析中没有理想的组试剂，但它们共存的机会也较少，可利用的特殊反应较多，所以阴离子分析主要采用分别分析方法。

在定性分析中，应用许多分析反应。分析反应包括两类：一类用来分离或掩蔽离子，另一类用来鉴定离子。对前者，要求反应进行得完全、迅速、用起来方便。对后者，不仅要求反应要完全、迅速地进行，而且要有外部特征，否则我们就无从鉴定某离子是否存在。这些外部特征通常是：①沉淀的生成或溶解；②溶液或沉淀发生颜色变化；③有特殊气体生成并逸出；④特殊气味(如酯类)的产生等。

分析反应同一切化学反应一样，只有在一定条件下才能按预期的方向进行。如果不注意反应条件，就有可能造成分离不彻底或鉴定不明确，得不出正确的结论。分析反应要求的具体条件很多，其中主要有反应物的浓度、溶液的酸度、反应温度等。溶剂、干扰物质对反应也有影响。此外，反应是否需要催化剂，反应在何种器皿进行更为灵敏等，也应加以注意。

三、仪器和药品

1. 仪器　离心试管，0.7mL 井穴板，多用滴管，微型滴头，小试管，离心机，小烧杯，酒精灯，试管夹，玻璃棒。

2. 药品　SO_4^{2-}、CO_3^{2-}、PO_4^{3-}、AsO_4^{3-}、$S_2O_3^{2-}$、Cl^-、Br^-、I^-、CN^-、S^{2-}、NO_2^-、NO_3^-、SiO_3^{2-}($3 \sim 6mg \cdot mL^{-1}$)试液。

HCl(浓，$6mol \cdot L^{-1}$)，$BaCl_2$($0.5mol \cdot L^{-1}$)，新配制的石灰水，饱和 $Ba(OH)_2$，H_2SO_4(浓，$6mol \cdot L^{-1}$)，饱和($NH_4)_2MoO_4$溶液，新配制的 $1\%SnCl_2$溶液，KI(固体，$1mol \cdot L^{-1}$)，HNO_3($6mol \cdot L^{-1}$)，$AgNO_3$($0.1mol \cdot L^{-1}$，$0.5mol \cdot L^{-1}$)，$NH_3 \cdot H_2O$($2mol \cdot L^{-1}$，$6mol \cdot L^{-1}$)，酒石酸，$KMnO_4$($0.01mol \cdot L^{-1}$)，10%($NH_4)_2CO_3$，苯，CCl_4，Cl_2水，$CuSO_4$($0.1mol \cdot L^{-1}$)，Na_2S($0.1mol \cdot L^{-1}$)，$Pb(Ac)_2$试纸，HAc($2mol \cdot L^{-1}$)，对氨基苯磺酸，α-萘胺，新配制 $FeSO_4$饱和溶液，饱和 NH_4Cl溶液，I_2-淀粉。

四、实验内容

（一）常见阴离子的鉴定

1. SO_4^{2-} 的鉴定　取 2 滴试液于 0.7mL 井穴板的孔穴中，加入 1~2 滴 6mol·L^{-1} 的 HCl 酸化后再多加 2 滴，再加入 0.5mol·L^{-1} $BaCl_2$ 溶液 2 滴，有白色沉淀生成，表示有 SO_4^{2-} 存在。

2. CO_3^{2-} 的鉴定　取 5 滴试液于离心试管中，加入 2 滴 6mol·L^{-1} HCl 使溶液呈酸性，注意有无气泡发生，并立刻将事先沾有 1 滴新配制的石灰水［或饱和 $Ba(OH)_2$］的玻璃棒置于试管口，仔细观察，如石灰水或 $Ba(OH)_2$ 液滴立刻变为白色混浊，表示有 CO_3^{2-} 存在。

3. PO_4^{3-} 的鉴定　取试液 1 滴于 0.7mL 井穴板的孔穴中，加入 1 滴 3mol·L^{-1} H_2SO_4，1 滴饱和 $(NH_4)_2MoO_4$，再加入 1 滴新配制的 1% $SnCl_2$ 溶液，溶液呈蓝色，表示有 PO_4^{3-} 存在。

$$PO_4^{3-}+3NH_4^++MoO_4^{2-}+H^+ \rightarrow (NH_4)_3PO_4 \cdot 12\ MoO_3 \cdot 6H_2O \downarrow (黄)+H_2O$$

有 SiO_3^{2-}、AsO_4^{3-} 存在时，应加入酒石酸于钼酸铵中。因酒石酸与钼酸铵生成稳定的配合物，使不能生成钼砷酸铵或钼硅酸铵。

4. $S_2O_3^{2-}$ 的鉴定　取试液 1 滴于 0.7mL 井穴板的孔穴中，加 2 滴 0.1mol·L^{-1} $AgNO_3$，若生成的白色沉淀很快变为黄色、棕色、最后变为黑色，说明 $S_2O_3^{2-}$ 的存在。

$$Ag^++S_2O_3^{2-} \rightarrow AgS_2O_3 \downarrow$$
$$AgS_2O_3+H_2O \rightarrow Ag_2S \downarrow (黑色)+H_2SO_4$$

5. AsO_4^{3-} 的鉴定　取 2 滴试液于小试管中，加入 2 滴浓 HCl 和少许 1mol·L^{-1} KI（或固体 KI），再加苯 7 滴，用力振荡后静止片刻，苯层呈现红紫色表示有 AsO_4^{3-} 存在。

6. Cl^- 的鉴定　取 5 滴试液于离心试管中，用 7 滴 6mol·L^{-1} HNO_3 酸化，然后加入 3 滴 0.1mol·L^{-1} $AgNO_3$ 溶液，有白色凝乳状沉淀生成，初步说明可能有 Cl^-。将离心试管置水浴上微热，离心分离，弃去清液，在沉淀上加入 6mol·L^{-1} $NH_3 \cdot H_2O$ 数滴，如沉淀立即溶解，用 6mol·L^{-1} HNO_3 酸化后，又有白色沉淀析出，说明有 Cl^- 存在。

干扰及除去方法：有 Br^-、CN^- 存在时，有干扰。用 10% $(NH_4)_2CO_3$ 代替 $NH_3 \cdot H_2O$，可以避免干扰。

7. Br^- 的鉴定　取 3 滴试液于离心试管中，加入 5 滴 CCl_4，逐滴加入 Cl_2 水，边滴加边搅拌均匀，如 CCl_4 层呈红棕色→淡黄色→无色，表示有 Br^- 存在。

8. I^- 的鉴定　取 5 滴试液于离心试管中，加入 10 滴 CCl_4，逐滴加入 Cl_2 水，边滴加边搅拌均匀，如 CCl_4 层呈紫红色，表示有 I^- 存在。

9. CN^- 的鉴定　在滤纸片上加 0.1mol·L^{-1} $CuSO_4$ 和 0.1mol·L^{-1} Na_2S 各 1 滴，生成 CuS 黑斑。干燥后，在黑斑上加试液 1 滴，黑色消失，表示有 CN^- 存在。

10. S^{2-} 的鉴定　取 3 滴试液于井穴板的孔径中，加 9 滴 6mol·L^{-1} HCl，立即用蘸有 $Pb(Ac)_2$ 溶液的试纸盖住井穴板的空穴（必要时可水浴微热），试纸变棕黑色，表示有 S_2^- 存在。

11. NO_2^- 的鉴定　0.7mL 井穴板的孔穴中加 1 滴试液，再加 1 滴 2mol·L^{-1} HAc 酸化，再加入 1 滴对氨基苯磺酸后，放置片刻，再加 1 滴 α-萘胺，如立即呈现红色，表示有 NO_2^- 存在。同时做空白对照。

12. NO_3^- 的鉴定　取 3 滴试液于试管中,加入 15 滴浓硫酸,混匀,在冷水中冷却后,把试管倾斜 45°,小心加入新配制的饱和 $FeSO_4$ 溶液 10 滴,使溶液明显分为两层,如两液体界面出现棕色环,表示有 NO_3^- 存在。

干扰及除去方法:有 NO_2^- 存在时有干扰。加入少量固体胺磺酸,稍加热可以避免干扰。

13. SiO_3^{2-} 的鉴定　取 4 滴试液于离心管中,加 $6mol \cdot L^{-1}$ HNO_3 酸化,加热除去 CO_2,冷却后加 $2mol \cdot L^{-1}$ $NH_3 \cdot H_2O$ 至溶液为碱性,加饱和 NH_4Cl 并加热,生成白色胶状的硅酸沉淀,表示有 SiO_3^{2-} 存在。

(二) 阴离子未知液的分析

1. 分析试液的制备　未知物可能是溶液或固体。根据阴离子的性质特点,以及很多金属离子可在碱性介质中沉淀除去的性质,固体样品常用 Na_2CO_3 加以处理,得到碱性试液。如果要鉴定 CO_3^{2-} 时,应先取原试样按"CO_3^{2-} 的鉴定"进行。分析试液的制备方法如下:

(1) 未知物是溶液:先用 pH 试纸检查试液的酸碱性。如试液显酸性,初步判断哪些离子可能不存在;如为碱性,可直接用于分析或取试液 1mL 于离心试管中,加入固体 Na_2CO_3 0.3~0.4g 搅匀,加热至沸,保持 5min,冷却后离心分离,取离心液供分析鉴定用。

(2) 未知物是固体:取经研磨后的试样 0.1~0.2g,加水 3mL 搅匀,加热,完全溶解后供分析用。如不完全溶解,加入固体 Na_2CO_3 0.3~0.4g 搅匀,加热至沸约 5min,冷却后离心分离,离心液供分析用。沉淀(残渣)完全溶于 HAc,说明转化完全,否则应重复处理。若重复几次后仍有残渣,可能是些难溶的硫化物、卤化物、磷酸盐等。这时残渣可加些 Zn 粉和 H_2SO_4 处理,使 S^{2-}、X^- 进入溶液,磷酸盐(难溶)可用 HNO_3 进一步处理,得到制备试液。

制备试液含阴离子的种类很多,有些离子对某些试剂具有共同性质,利用这些性质通过一些试剂的初步试验,进行综合分析,能初步判断一些离子是否存在,制定试验方案,对可能存在的离子加以鉴定,从而简化分析程序。

2. 初步试验

(1) 挥发性试验:取试液 10 滴(未知物为溶液时)于井穴板的孔穴中,加入 10 滴 $6mol \cdot L^{-1}$ H_2SO_4,如有小气泡产生,可能有 S^{2-}、CO_3^{2-}、NO_2^-、CN^- 等挥发性的离子存在,据气味的不同还可进一步判断是何种离子存在,这些离子称为阴离子第一组。在酸性条件下,如溶液混浊或胶状沉淀可能是 S、H_2SiO_3 生成。

(2) $BaCl_2$ 试验:取试液 5 滴于井穴板的孔径中,如试液为酸性,先加入 1 滴 $2mol \cdot L^{-1}$ $NH_3 \cdot H_2O$ 碱化,加 $0.5mol \cdot L^{-1}$ $BaCl_2$ 试剂 2~3 滴,如无沉淀可否定 SO_4^{2-},CO_3^{2-},PO_4^{3-}、AsO_4^{3-} 和 SiO_3^{2-} 的存在。

(3) $AgNO_3$ 试验:取试液(中性或弱酸性)5 滴于离心试管中,加 $0.5mol \cdot L^{-1}$ $AgNO_3$ 1~2 滴观察沉淀的生成和颜色,如有沉淀,可离心分离,在沉淀上加 $6mol \cdot L^{-1}$ HNO_3 酸化,如沉淀有残留,可能有 Cl^-、Br^-、I^-、CN^-、S_2^- 存在。

(4) 氧化性阴离子试验:取试液 5 滴于离心试管中,加 $3mol \cdot L^{-1}$ H_2SO_4 使呈酸性后再多加 5 滴,然后加入固体 KI 一小勺,CCl_4 10 滴,搅匀,如 CCl_4 层呈现紫色,表示有可能有 NO_2^- 和 AsO_4^{3-} 离子。

(5) 还原性阴离子试验:取试液 5 滴于离心试管中,加 $3mol \cdot L^{-1}$ H_2SO_4 使呈酸性后再多加 5 滴,加 $0.01mol \cdot L^{-1}$ $KMnO_4$ 溶液 1 滴,搅匀,加热,如紫色褪去,可能有 S^{2-}、NO_2^-、CN^-、

Cl^-（其中 Cl^- 必须在酸度较大时才能使 $KMnO_4$ 褪色）、Br^-、I^- 存在。此外，S^{2-}、CN^-、AsO_4^{3-} 离子能使 I_2 淀粉颜色消失，在稀 H_2SO_4 条件下加入 I_2 淀粉，若蓝色不褪，说明 S^{2-}、CN^-、AsO_4^{3-} 等离子不存在。

阴离子初步试验方法不是固定的，可以根据阴离子的性质做其他的试验。

3. 阴离子的个别鉴定　根据初步试验，可以得出哪些离子肯定不存在、肯定存在和可能存在的结论，然后按阴离子个别鉴定方法和除干扰方法，对可能存在的阴离子，分别鉴定它们是否存在。

五、思　考　题

1. 哪些操作技术被用来进行常见阴离子的鉴定反应？

2. 进行离子"一般鉴定反应"应具有什么前提？

3. 若未知液中有 Br^- 无 Cl^-，在处理卤化银沉淀时加入 $2mol \cdot L^{-1}$ 氨水后的溶液中再加硝酸时，溶液却变混浊，试解释这种现象。

4. 在氧化性还原性试验中：

（1）以稀 HNO_3 代替稀 H_2SO_4 来酸化试液是否可以？

（2）以稀 HCl 代替稀 H_2SO_4 是否可以？

（3）以浓 H_2SO_4 作酸化试液是否可以？

实验十二　常见阳离子的定性鉴定及阳离子未知液的分析

一、实验目的

1. 掌握一些常见阳离子的性质、鉴定原理和鉴定反应。

2. 掌握一些常见阳离子鉴定的基本操作。

3. 综合利用阳离子分析特征和分析方法，通过对未知液进行分析，熟练掌握阳离子的分离和鉴定方法。

4. 掌握井穴板操作。

二、仪器和药品

1. 仪器　0.7mL 井穴板，多用滴管，微型滴头，离心试管，小试管，表面皿，烧杯，离心机。

2. 药品　阳离子试液：NH_4^+、Na^+、K^+、Ca^{2+}、Pb^{2+}、Ag^+、Ba^{2+}、Mg^{2+}、Fe^{3+}、Fe^{2+}、Cu^{2+}、Al^{3+}、Hg^{2+}、Zn^{2+}、Cr^{3+} 等试液。

$HCl(6mol \cdot L^{-1}, 2mol \cdot L^{-1})$，$HNO_3(6mol \cdot L^{-1}, 1mol \cdot L^{-1})$，$H_2SO_4(6mol \cdot L^{-1}, 3mol \cdot L^{-1})$，奈氏试剂，乙醇，$20\%Na_3[Co(ONO)_6]$，$HAc(浓, 6mol \cdot L^{-1})$，$NaOH(6mol \cdot L^{-1}, 4mol \cdot L^{-1}, 2mol \cdot L^{-1})$，$NH_3 \cdot H_2O(浓, 6mol \cdot L^{-1}, 2mol \cdot L^{-1})$，$10\%(NH_4)_2CO_3$，饱和 $(NH_4)_2C_2O_4$，HAc-$NaAc$ 缓冲液，$K_2Cr_2O_7(0.5mol \cdot L^{-1})$，$K_2CrO_4(0.5mol \cdot L^{-1})$，饱和 $(NH_4)_2S$，$NaAc(3mol \cdot L^{-1})$，饱和

$(NH_4)_2SO_4$，$NH_4Ac(3mol \cdot L^{-1})$，$Na_2S(0.1mol \cdot L^{-1})$，$1\% SnCl_2$，$0.02\% CoCl_2$，$3\% H_2O_2$，$0.5\%$ 邻二氮菲，$(NH_4)_2[Hg(SCN)_6](0.3mol \cdot L^{-1})$，$KSCN(0.1mol \cdot L^{-1})$，$0.1\%$ 铝试剂，$Pb(Ac)_2$ $(0.5mol \cdot L^{-1})$，$K_4[Fe(CN)_6](1mol \cdot L^{-1})$，$K_3[Fe(CN)_6](1mol \cdot L^{-1})$，镁试剂，茜素试剂，醋酸铀酰锌试剂，戊醇，甲醛，$NaF$（固体），$NH_4Cl$（固体），$ZnCO_3$（固体），锌粉，硫代乙酰胺溶液。

三、实 验 内 容

（一）阳离子的鉴定

1. NH_4^+ 的鉴定

（1）奈氏试剂法：取试液 1 滴于 0.7mL 井穴板的孔穴中，加入 1 滴 $6mol \cdot L^{-1}NaOH$，再加入 1 滴奈氏试剂，如生成红棕色沉淀或黄色溶液，表示有 NH_4^+ 存在。

$$NH_4^+ + [HgI_4]^{2-} + OH^- \rightarrow HgO \cdot HgNH_2I \downarrow + I^- + H_2O$$

（2）气室法：取试液 2 滴于一小块表面皿上，小心加入 3 滴 $6mol \cdot L^{-1}NaOH$，在另一稍小的表面皿的凹面贴一小块用水润湿的 pH 试纸，立即将其盖在前一块表面皿上形成气室，将此气室放在水浴上加热，如试纸呈碱性，表示有 NH_4^+ 存在。

2. Na^+ 的鉴定

（1）醋酸铀酰锌法：取中性或微酸性试液 2 滴于小试管中，加 4 滴 95% 乙醇，加醋酸铀酰锌试剂 8 滴，产生浅黄色晶形沉淀，表示有 Na^+ 存在。

干扰及消除方法：大量的阳离子（超过 Na^+ 量的 20 倍以上时）有干扰，可加 3 滴 10% $(NH_4)_3PO_4$ 煮沸，离心分离，吸取清液，加入固体 $ZnCO_3$，加热 2~3min，离心分离以除去 PO_4^{3-}，用澄清液鉴定 Na^+ 存在。

（2）焰色反应：用洁净铂丝蘸取试液，在煤气灯（或酒精灯）中灼烧，火焰呈强烈的黄色，并维持数秒钟不退，表示有 Na^+ 存在。

3. K^+ 的鉴定

（1）六亚硝酸根合钴（Ⅲ）酸钠法：0.7mL 井穴板的孔穴中加入中性或弱酸性试液 2 滴，再加 2 滴新配制的 20% $Na_3[Co(ONO)_6]$，如有黄色沉淀表示有 K^+ 存在。

$$Na^+ + K^+ + [Co(ONO)_6]^{3-} \rightarrow K_2Na[Co(ONO)_6] \downarrow$$

干扰及其消除方法：NH_4^+ 有干扰，如有 NH_4^+ 时取试液 2 滴，加 $6mol \cdot L^{-1}NaOH$，置水浴煮沸以除去大部分 NH_4^+，如有沉淀生成，可离心分离。在清液中加 2~4 滴甲醛，再加 $6mol \cdot L^{-1}$ HAc 酸化，取 2 滴清液如上法鉴定 K^+。

干扰及消除方法：NH_4^+ 及 Ag^+、Hg^{2+} 等有干扰，除去方法同上。

（2）焰色反应：用洁净铂丝蘸取试液，在无色火焰中灼烧，隔蓝玻璃观察，如火焰呈紫色，表示有 K^+ 存在。

4. Ca^{2+} 的鉴定

（1）草酸铵法：取试液 2 滴于 0.7mL 井穴板的孔穴中，加饱和 $(NH_4)_2C_2O_4$ 2 滴，如有白色沉淀，表示有 Ca^{2+} 存在。

$$Ca^{2+} + C_2O_4^{2-} \rightarrow CaC_2O_4 \downarrow$$

（2）Pb^{2+}、Ag^+、Ba^{2+} Ca^{2+} 的分离和 Ca^{2+} 的鉴定：取 Pb^{2+}、Ag^+、Ba^{2+}、Ca^{2+} 的混合试液 5 滴于离心管中，加 HAc 和 NaAc 缓冲液 3 滴，加 $0.5mol \cdot L^{-1}$ $K_2Cr_2O_7$ 3 滴，有砖红色和黄色（或棕

色)沉淀生成,离心沉降,在清液上加 $K_2Cr_2O_7$ 至沉淀完全,再离心分离。吸取清液加 $(NH_4)_2C_2O_4$ 3 滴,如有白色混浊或沉淀,表示有 Ca^{2+} 存在。

注:Ag_2CrO_4 砖红色,$BaCrO_4$ 黄色,$PbCrO_4$ 黄色。

5. Mg^{2+} 的鉴定　镁试剂法。取试液 2 滴于 0.7mL 井穴板的孔穴中,加入 $6mol \cdot L^{-1}$ NaOH 1 滴和镁试剂 1 滴(对硝基苯偶氮间苯二酚),如有天蓝色沉淀,表示有 Mg^{2+} 存在。

干扰及消除方法:能生成有色氢氧化物沉淀的阳离子有干扰,取 Fe^{3+}、Ag^+、Cu^{2+}、Pb^{2+} 和 Mg^{2+} 混合试液 3 滴,加固体 NH_4Cl 适量和 $6mol \cdot L^{-1}$ $NH_3 \cdot H_2O$ 至碱性,加 $(NH_4)_2S$ 溶液 6~8 滴,加热离心分离,弃去沉淀,清液加 $6mol \cdot L^{-1}$NaOH 5 滴赶去 NH_4^+ 后,如上法鉴定 Mg^{2+}。若无天蓝色沉淀,则另取除 NH_4^+ 后试液加 EDTA1~2 滴,再加镁试剂鉴定 Mg^{2+}。

6. Ba^{2+} 的鉴定

(1)铬酸钾法:取试液 2 滴于 0.7mL 井穴板的孔穴中,加 $3mol \cdot L^{-1}$NaAc 和 $0.5mol \cdot L^{-1}$ K_2CrO_4 各 2 滴,如有黄色沉淀,表示有 Ba^{2+} 的存在。

$$Ba^{2+}+CrO_4^{2-}\rightarrow BaCrO_4\downarrow$$

干扰及消除方法:Ag^+、Cu^{2+}、Pb^{2+} 有干扰,除去方法如下:取 Ag^+、Cu^{2+}、Pb^{2+}、Ba^{2+} 的混合试液 3 滴,加过量 Zn 粉 1 小勺,搅拌,离心,取清液加 $3mol \cdot L^{-1}$NaAc 和 $0.5mol \cdot L^{-1}$ $K_2Cr_2O_7$ 各 2 滴,如有黄色沉淀,表示有 Ba^{2+} 的存在。

(2)硫酸铵法:取试液 1 滴于 0.7mL 井穴板的孔穴中,加 1 滴饱和 $(NH_4)_2SO_4$ 溶液,如析出白色沉淀,表示有 Ba^{2+} 存在。

干扰及消除方法:Pb^{2+} 有干扰,除去方法如下:取含有 Ba^{2+}、Pb^{2+} 的混合试液 4 滴,加 EDTA3 滴,再加饱和 $(NH_4)_2SO_4$2 滴,有白色晶形沉淀,表示有 Ba^{2+} 存在。或利用 $BaSO_4$ 不溶于 NaOH 而 $PbSO_4$ 溶于 NaOH 来区别。

7. Pb^{2+} 的鉴定

(1)铬酸钾法:取试液 1 滴于 0.7mL 井穴板的孔穴中,加 1 滴 $6mol \cdot L^{-1}$ HAc 及 $0.5mol \cdot L^{-1}$ K_2CrO_4 各 1 滴,有黄色沉淀生成,再加 $2mol \cdot L^{-1}$NaOH 约 8 滴沉淀又溶解,表示有 Pb^{2+} 存在。

$$Pb^{2+}+CrO_4^{2-}\rightarrow PbCrO_4\downarrow$$

$$PbCrO_4+OH^-\rightarrow[Pb(OH)_3]^-$$

干扰及消除方法:Hg^{2+}、Ag^+、Ba^{2+} 有干扰,除去干扰的方法如下:

取 Pb^{2+}、Hg^{2+}、Ag^+、Ba^{2+} 的混合试液 4 滴,加 $6mol \cdot L^{-1}$ H_2SO_4 4 滴,有白色沉淀生成,离心沉降,弃去溶液,沉淀用 10 滴蒸馏水洗涤 1 次,弃去洗涤液,然后在沉淀上加 8 滴 NH_4Ac,加热,搅拌,离心沉降,取清液 3 滴,加 $0.5mol \cdot L^{-1}$ K_2CrO_4 2 滴,如有黄色沉淀生成,表示有 Pb^{2+} 存在。

(2)硫酸-硫化钠法:取试液 3 滴于离心试管中,加 $3mol \cdot L^{-1}$ H_2SO_4 2 滴,如产生白色沉淀,可能有 Pb^{2+} 存在。离心沉降,用水洗涤沉淀 2 次,弃去洗涤液,在沉淀上加 $0.1mol \cdot L^{-1}$ Na_2S 试剂 1 滴,沉淀转为棕黑色,确证有 Pb^{2+} 存在。

干扰及消除方法:大量 Ag^+ 干扰,,可在沸水浴中加 $6mol \cdot L^{-1}$ HCl 生成沉淀,沉淀完全后,离心分离除去,清液按上法鉴定 Pb^{2+}。

8. Ag^+ 的鉴定　盐酸和氨配合物酸化法。取试液 1 滴于离心试管中,加 $6mol \cdot L^{-1}$ HCl 1 滴,生成白色沉淀后,在沉淀上加 $6mol \cdot L^{-1}$ 氨水 5 滴,白色沉淀消失,再加 $1mol \cdot L^{-1}$ HNO_3 酸化,白色沉淀又出现,表示有 Ag^+ 存在。

9. Al³⁺的鉴定

（1）铝试剂法：取试液 2 滴于 0.7mL 井穴板的孔穴中，加入 6mol·L⁻¹ HAc1 滴，加 0.1%的铝试剂（金黄色素三羧酸铵）2 滴，再加 2mol·L⁻¹ NH₃·H₂O 至有氨味（约 8 滴），产生鲜红色絮状沉淀，表示有 Al³⁺存在。

（2）茜素试剂法：取 Al³⁺试液（试液酸性太强时，需调至弱酸性）1 滴于小滤纸片上，将滤纸片在浓氨气上熏约 30s，再在润湿斑点上加 1 小滴茜素，再用浓氨气熏约 1min，产生红色斑点，表示有 Al³⁺的存在。如果不明显，可将试纸烘干，使茜素紫色消去，红色斑点更易于观察。

干扰及消除的方法：Fe³⁺、Cu²⁺等有干扰，在滤纸上进行反应，可不用特殊的分离手续即能消除其他离子的干扰。方法如下：在滤纸上，加 1 滴 1mol·L⁻¹ K₄[Fe(CN)₆]溶液，略干后，用毛细滴管加 Fe³⁺、Cu²⁺、Al³⁺的混合试液，即可形成有色沉淀（有 Fe³⁺时蓝色，有 Cu²⁺时砖红色）斑点，但 Al³⁺不生成沉淀而向斑点外围扩散，行成水渍区，再向斑点中心用毛细滴管加水以帮助 Al³⁺扩散，水渍区用浓氨气熏 1min 左右，然后在斑点边缘加茜素 1 滴，再用浓氨气熏，烘干后，出现红色圈，表示有 Al³⁺。如果将滤纸在热水中浸泡数分钟，把亚铁氰化物洗去后，结果更为清晰。

10. Hg²⁺的鉴定　氯化亚锡法。取试液 2 滴于 0.7mL 井穴板的孔穴中，加入 2mol·L⁻¹ HCl 2 滴后，加 1%SnCl₂溶液 4 滴，生成白色 HgCl₂沉淀，放置后慢慢变成黑色沉淀（可微热），表示有 Hg²⁺存在。

$$SnCl_4^{2-}+HgCl_2 \rightarrow SnCl_6^{2-}+Hg_2Cl_2\downarrow（白）$$
$$SnCl_4^{2-}+Hg_2Cl_2 \rightarrow SnCl_6^{2-}+Hg\downarrow（黑）$$

干扰：有 Ag⁺存在时，生成 AgCl 白色沉淀，但 Ag⁺于 Hg²⁺共存时，则加入 SnCl₂后变黑色，可作为 Ag⁺共存时的检出。

11. Fe²⁺的鉴定

（1）铁氰化钾法：取 2 滴试液于 0.7mL 井穴板的孔穴中，加 2mol·L⁻¹ HCl 和 1mol·L⁻¹ K₃[Fe(CN)₆]溶液各 1 滴，如有蓝色沉淀生成，表示有 Fe²⁺。

$$Fe^{2+}+K^++[Fe(CN)_6]^{3-} \rightarrow KFe[Fe(CN)_6]\downarrow（深蓝色）$$

（2）邻二氮菲法：取试液 2 滴于 0.7mL 井穴板的孔穴中，加 1 滴 2mol·L⁻¹ HAc，再加 2 滴 0.5%邻二氮菲溶液，若溶液呈橘红色[Fe(Phen)₃]²⁺，表示有 Fe²⁺存在。

12. Fe³⁺的鉴定

（1）亚铁氰化钾法：取 1 滴试液于 0.7mL 井穴板的孔穴中，加 2 滴 2mol·L⁻¹ HCl 和 1 滴 1mol·L⁻¹ K₄[Fe(CN)₆]溶液，如有蓝色沉淀生成，表示有 Fe³⁺。

$$Fe^{3+}+K_4[Fe(CN)_6] \rightarrow KFe[Fe(CN)_6]\downarrow（深蓝色）$$

（2）硫氰酸钾法：取试液 1 滴于 0.7ml 井穴板的孔穴中，加 2mol·L⁻¹ HCl 和 0.1mol·L⁻¹ KSCN 溶液各 1 滴，若溶液变成血红色，表示有 Fe³⁺的存在。

干扰及消除方法:大量 Cu^{2+} 存在时会干扰,Cu^{2+} 和 SCN^- 生成棕黑色 $Cu(SCN)_2$,加入固体 $NaHSO_3$,则可变成 $Cu_2(SCN)_2$ 白色沉淀而除去。

13. Cu^{2+} 的鉴定

(1) 氨水法:取试液 2 滴于 0.7mL 井穴板的孔穴中,加浓氨水 2 滴,如溶液呈现深蓝色,表示有 Cu^{2+} 存在。

(2) 亚铁氰化钾法:取 2 滴试液于 0.7mL 井穴板的孔穴中,加 $2mol \cdot L^{-1}$ HCl 和 $1mol \cdot L^{-1}$ $K_4[Fe(CN)_6]$ 各 2 滴,有红棕色沉淀,表示有 Cu^{2+} 存在。

$$2Cu^{2+}+Fe(CN)_6^{4-}=Cu_2[Fe(CN)_6] \downarrow (红棕色)$$

干扰及消除方法:Fe^{3+} 有干扰,可加 NaF 掩蔽 Fe^{3+} 后,再鉴定。

14. Zn^{2+} 的鉴定　硫氰酸汞铵法。取 0.02% $CoCl_2$ 溶液 1 滴于 0.7mL 井穴板的孔穴中,加 1 滴 $0.3mol \cdot L^{-1}(NH_4)_2[Hg(SCN)_6]$ 试剂,加入 1 滴 $2mol \cdot L^{-1}$ HCl 和 1 滴 Zn^{2+} 试液,充分搅拌,析出天蓝色沉淀,表示有 Zn^{2+} 存在。

干扰及消除方法:Cu^{2+}、Fe^{3+} 有干扰,可加 $4mol \cdot L^{-1}$ NaOH 加热分离沉淀,取清液酸化后如上法鉴定。如果试液已确定有 Cu^{2+},而 Cu^{2+} 量不太大时,这时不必加 $CoCl_2$,在加入 $(NH_4)_2[Hg(SCN)_6]$ 后,有紫色沉淀出现表示有 Zn^{2+}、Cu^{2+} 共存,如果试液确证有 Fe^{3+},也可加入固体 NaF 掩蔽 Fe^{3+} 后,再鉴定。

15. Cr^{3+} 的鉴定

(1) 铬酸盐法:取试液 2 滴于离心管中,加 $6mol \cdot L^{-1}$ NaOH 至碱性,加 3% H_2O_2 2~3 滴,加热至 H_2O_2 完全分解(不再冒泡),则 Cr^{3+} 被氧化为 CrO_4^{2-},加 $0.5mol \cdot L^{-1}$ $Pb(Ac)_2$ 1 滴,加浓 HAc 酸化,则有黄色沉淀生成,表示有 Cr^{3+}。

(2) 过铬酸法:按上法将 Cr^{3+} 氧化为 CrO_4^{2-},取 CrO_4^{2-} 溶液 3 滴于离心试管中,加 $6mol \cdot L^{-1}$ 的 HNO_3 2 滴(酸化至 pH=2~3),加戊醇 4 滴,加 3% H_2O_2 2~3 滴,每加 1 滴充分震荡离心试管,戊醇层显蓝色,表示有 Cr^{3+} 存在。

$$CrO_4^{2-}+4OH^- \rightarrow Cr(OH)_4^-$$
$$2[Cr(OH)_4]^-+3H_2O_2+2OH^- \rightarrow CrO_4^{2-}+8H_2O$$
$$2CrO_4^{2-}+H^+ \rightarrow Cr_2O_7^{2-}+H_2O$$
$$Cr_2O_7^{2-}+H_2O_2+H^+ \rightarrow H_2O+H_2CrO_6(蓝)$$

pH<1,蓝色的 H_2CrO_6 分解。H_2CrO_6 在水中不稳定,故用戊醇萃取,并在冷溶液中进行,其他离子无干扰。

(二) 阳离子未知液的分析

1. 初步试验

(1) 外表观察:观察未知液的颜色特征。Cu^{2+}、Fe^{3+}、Fe^{2+}、Cr^{3+} 等在水溶液中有颜色,其他离子均为无色。

(2) 水解试验:用玻璃棒蘸取试液测 pH,如果 pH≤2,可检查是否有易水解的阳离子如 Fe^{3+}、Al^{3+} 等存在。取试液 2 滴加少量 NaAc 固体,如加热后出现红棕色沉淀,表示有 Fe^{3+};白色沉淀可能有 Al^{3+};黄色沉淀可能有 Hg^{2+}。

(3) 盐酸试验:取试液 2 滴,加 $2mol \cdot L^{-1}$ HCl 3 滴,充分搅拌,如有沉淀,可能有 Pb^{2+} 和 Ag^+。若沉淀在沸水浴加热一下就溶解,可能有 Pb^{2+};若沉淀溶于 $6mol \cdot L^{-1}$ $NH_3 \cdot H_2O$,表

示可能有 Ag^+。

（4）氨水试验：取试液 2 滴于离心试管中,逐滴加入 $2mol \cdot L^{-1}$ $NH_3 \cdot H_2O$,注意观察有无沉淀及颜色变化,再加入过量氨水,观察沉淀是否溶解及颜色变化。Zn^{2+}、Cu^{2+}、Ag^+ 等与氨水形成的氢氧化物沉淀能溶于过量氨水中,形成可溶性配离子。Mg^{2+}、Fe^{3+}、Fe^{2+}、Cr^{3+}、Al^{3+}、Hg^{2+}、Pb^{2+} 与氨水反应形成氢氧化物或碱式盐沉淀不溶于过量氨水。

（5）硫酸铵试验：取试液 2 滴于离心试管中,加入 2 滴饱和 $(NH_4)_2SO_4$ 溶液,如无沉淀说明不存在 Pb^{2+} 和 Ba^{2+}。如果有沉淀可做 Pb^{2+} 和 Ba^{2+} 的区别鉴定。离心,洗涤沉淀,加入 $2mol \cdot L^{-1}$ NaOH 3 滴,如沉淀溶解表示有 Pb^{2+} 无 Ba^{2+}。反之,有 Ba^{2+} 无 Pb^{2+}。

（6）硫化镉试验：取试液 2 滴于离心试管中,加 CdS 试剂 2 滴,30s 后没有黑色沉淀,否定 Cu^{2+}、Ag^+。

2. 分析方案的设计

（1）根据初步试验结果大致得出哪些离子不可能存在和哪些离子需要进一步鉴定的结论。

（2）确定设计方案：包括待测离子是什么、鉴定路线和鉴定反应(预计干扰及除去方法)。

3. 阳离子个别鉴定 根据合理的鉴定方案进行个别鉴定。判断出各个未知离子,报告分析结果。

四、思 考 题

1. 哪些操作技术被用来进行常见阳离子的鉴定反应?

2. 进行离子"一般鉴定反应"应具有什么前提?

3. 如果阳离子未知液呈碱性,哪些离子可能不存在?

第三部分

微型有机化学实验

第六章　微型有机化学常用仪器及基本操作和性质实验

实验一　熔点的测定及温度计校正

一、实验目的

1. 了解熔点测定的意义,掌握熔点测定的原理及方法。
2. 了解温度计校正的意义,学习温度计的校正方法。

二、实验原理

　　熔点是物质的一个重要物理常数,它是指物质的液相和固相处于平衡状态时的温度。从初熔到全熔的温度范围称为熔点范围(也称熔程或熔距),纯净的固体有机化合物一般都有固定的熔点,即在一定的压力下,固液两态之间的变化是非常敏锐的,温度不超过 $0.5\sim1℃$。如果物质中含有杂质,则其熔点往往较纯净者为低,且熔程较长。故测定熔点对于鉴定有机物和定性判断固体化合物的纯度具有很大价值。每种纯化合物都有自己独特的晶形结构和分子间作用力,要熔化它所需要的能量是一定的,因而,一般来讲每种化合物都有一定的熔点。此外,对于熔点相同或熔点相近的两种有机化合物,将它们混合后再测定其熔点,混合物的熔点将下降。这个实验称为混合熔点下降实验。它是判断熔点相同或相近的固态有机化合物是否为同一化合物的最简便的方法。在科学实验中常用此法检验所得化合物与预期的化合物是否相同。进行混合熔点测定至少应测定三种比例(1∶9;1∶1;9∶1)。

　　目前,测定熔点的方法很多,除 b 形管法,现在应用较多的是用各种熔点测定仪来进行测定。

　　1. b 形管法　b 形管法即用 b 形管也称提勒管盛装浴液,将待测样品填装在毛细管内,再将装有样品的毛细管固定在温度计水银球旁,然后,一同固定在 b 形管内的浴液中,用酒精灯加热浴液;有时也用双浴式熔点测定器。这种方法仪器简单,样品用量少,操作方便。

　　2. 仪器测定

　　(1) 显微熔点测定仪:显微熔点测定仪是将样品置于显微镜下的加热台上,电加热缓慢升温,在此过程中,通过显微镜可以清楚地观察到样品的受热情况,如升华、分解、脱水和多晶物质的晶型转化等。能够较为准确的测定化合物的熔点。

　　(2) 数字熔点仪:以 WRS-1 数字熔点仪为例。该熔点仪采用光电检测、数字温度显示等技术,初熔、全熔可自动显示,并与记录仪配合使用,可自动记录熔化曲线。因该熔点仪采用了集成化的电子线路,可快速达到设定的起始温度,并具有六档可供选择的线性升、降温自动控制,无需实验人员在场监视,可自动储存初熔、全熔数据,使用方便。

　　3. 温度计的校正　由实验测得的熔点往往与其真实熔点有一定的差距,其原因是多方面的,温度计的误差是其中一个重要因素,所以要得到一个较为准确的熔点值,就要对温度计进行校正。

普通温度计的刻度是在温度计的水银线全部均匀受热的情况下刻出来的,而我们在测定温度时只将温度计的一部分插入待测液中,有一段水银线露在液面外,这样测得的温度比温度计全部浸入液体中所得结果偏低,因此要准确测定温度,就必须对外露水银线造成的误差进行校正。另外,长期使用的温度计,玻璃可能发生变形使刻度不准,为了校正温度计,可选用一标准温度计与待校正温度计进行比较,将标准温度计和待校正温度计平行放在热浴中,缓慢加热,每隔5℃分别记下两支温度计的读数,标出偏差量 Δt。

$$\Delta t = 待校正温度计的温度 - 标准温度计的温度$$

以待校正温度计的温度作纵坐标,Δt 为横坐标,绘出校正曲线,以供校正用。

还有一种校正方法,是采用纯有机化合物的熔点作为校正的标准。校正时,选择数种已知熔点的有机化合物,用该温度计测定它们的熔点,以实测的熔点温度作为纵坐标,实测熔点与已知熔点的差值作横坐标,绘出校正曲线,任一温度的校正数值可通过该曲线找到。常用标准化合物的熔点见表6-1。

表6-1 常见化合物的熔点

化合物	熔点(℃)	化合物	熔点(℃)	化合物	熔点(℃)
蒸馏水-冰	0	间二硝基苯	90.02	二苯基羟基乙酸	151
α-萘胺	50	二苯乙二酮	95~96	水杨酸	158
二苯胺	53	乙酰苯胺	114	对苯二酚	173~174
苯甲酸苯酯	69.5~71	苯甲酸	122	3,5-二硝基苯甲酸	205
萘	80	尿素	133	酚酞	262~263

三、仪器和药品

1. 仪器　b形管,毛细管,温度计,研钵,表面皿,显微熔点测定仪等。
2. 药品　苯甲酸,乙酰苯胺,尿素,肉桂酸等。

四、实验内容

1. b形管法

(1)毛细管的准备:通常使用直径为1~1.5mm,长约60~70mm 一端封闭的毛细管。可以用粗玻璃管自行拉制,再封口,或由市售的毛细管封口得到。

(2)样品的填装:将干燥的样品在研钵中研细,取少量于表面皿中,聚成小堆,将毛细管开口一端插入样品堆中,即有少量样品被挤入毛细管中,然后将毛细管开口朝上竖立起来,在桌面上轻轻敲击,使样品落入毛细管底部并填实,或取一根长约30~40cm 的玻璃管,垂直放在一干净的表面皿上,将装有样品的毛细管开口朝上,从玻璃管上口放入,使其自由落下,重复操作,直至样品被密实填在毛细管底部,高度约2~3mm。在填装过程中,样品研得要细,装得要密,装得要快,以免样品受潮。若样品装得不密实有空隙,则不易传热,易造成误差。此外,还要将沾于毛细管外的样品轻轻擦去,以免污染浴液。

(3)仪器的安装:将b形管固定在铁架台上,装入浴液(本实验用甘油)至高出上侧管约1cm左右,将装有样品的毛细管用橡胶圈固定于温度计上,使样品部分位于温度计水银球中部,这样温度计指示的度数与样品的温度更相接近,再将温度计通过带有缺口的塞子,插入 b 形管中,温度计刻度面向缺口处,温度计水银球位于 b 形管两侧管中部(图 6-1);还可以用双浴式熔点测定仪(图 6-2),将试管经开口塞子插入圆底烧瓶(或平底烧瓶)中至距离底部 1cm 处,试管口配一个开口的橡皮塞或软木塞,插入固定装有样品的毛细管的温度计,温度计水银球应距离试管底部约 0.5cm,瓶内装入约占烧瓶 2/3 体积的浴液,试管内也放入浴液使插入温度计后,其液面高度与瓶内相同。

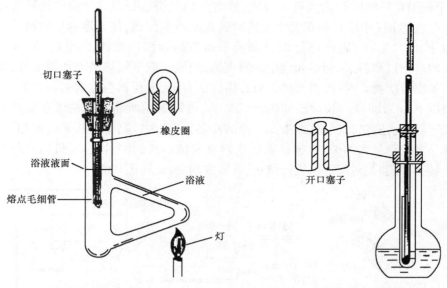

图 6-1　形管法测定熔点装置　　　　　图 6-2　双浴式测定熔点装置

(4)测定:仪器安装好后,以小火在 b 形管倾斜部分缓缓加热,开始可以以较快的速度加热,使温度以较快的速度升高 2~3(℃·min^{-1}),到距离熔点 10~15℃时调整火焰使升温速度为每秒 1~2(℃·min^{-1}),越接近熔点升温速度应越慢,这一方面是为了保证有充分的时间,使热量由管外传到管内,使固体熔化,另一方面也便于观察者仔细观察样品和温度的变化。记录样品开始塌落并有液珠产生(俗称出汗)时的温度和固体完全熔化时的温度,即为该化合物的熔程。

本实验要求测定:

1)纯苯甲酸的熔点测两次。

2)未知样的熔点测三次(一次粗测,两次精测)。

3)脲和肉桂酸混合样品的熔点测三次。

要求每一种样品的测定至少有两次重复数据。

2. 仪器测定

(1)显微熔点测定仪:以 X-4 显微熔点测定仪为例。图 6-3 是 X-4 显微熔点测定仪。

操作方法:①将熔点加热台放在显微镜底座 φ100 孔上,并使放入盖玻片的端口位于右侧,以便取放盖玻片及药品。②将熔点热台的电源线接入调压测温仪后侧的输出端;并将传感器插入熔点热台孔,其另一端与调压测温仪后侧的插座相连;将调压测温仪的电源线与 220V 电源相连。③取两片盖玻片,用蘸有乙醚或丙酮(也可用乙醚与乙醇的混合液)的脱脂棉擦拭干净。晾干后,取适量的待测样品(不多于 0.1mg)放在一片载玻片上,并使样品分布薄而均匀,盖上另一片载玻片,轻轻压实,然后放在熔点热台中心,盖上隔热玻璃。

④松开显微镜的升降手轮,参考显微镜的工作距离(88mm 或 33mm),上下调整显微镜,直至能看到熔点热台中央的样品轮廓时锁紧该手轮,然后调节调焦手轮,直到能清晰地看到晶体为止。⑤打开电源开关,调压测温仪显示出熔点热台即时的温度值。⑥根据被测样品的熔点值,控制调温手钮 1 或 2(1 表示升温电压宽量调节,2 表示升温电压窄量调节),以达到在测量样品熔点的过程中,前段升温迅速,中段升温渐慢,后段升温平缓。具体方法如下:先将两个调温手钮顺时针调到较大位置,使熔点热台快速升温。当温度接近待测物体熔点以下 40℃左右时(中段),将调温手钮逆时针调至适当位置,使升温速度减慢。在被测物熔点值以下 10℃左右(后段)时,调整调温手钮控制升温速度约 $1 \sim 2℃ \cdot min^{-1}$ 左右。⑦观察样品的熔化过程,记录初熔和全熔的温度值,用镊子取下隔热玻璃和盖玻片,即完成一次测定。如需再次测定时,可将散热器放在熔点热台上,电压调为零或切断电源,使温度降至熔点值以下 40℃即可。⑧对已知熔点的样品,可以根据所测样品的熔点值及测温过程,适当调节调温旋钮,进行测量;对未知熔点的样品,可选用较高电压快速升温粗测一次,找到所测样品的熔点的大约值,再据读数适当调整和精细控制测量过程,最后进行较精确的测量。⑨精密测定时,对实测值进行修正,并多次测定,计算平均值。

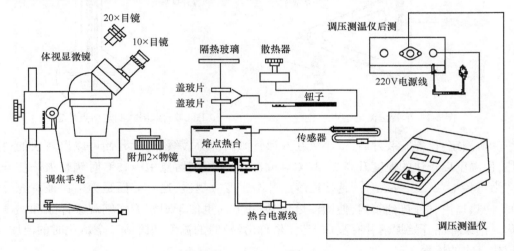

图 6-3 X-4 显微熔点测定仪

样品熔点值的计算如下:

一次测定

$$T = X + A$$

式中,T 为被测物品的熔点值;X 为测量值;A 为修正值。

多次测定

$$T = \frac{1}{n} \sum_{i=1}^{n} (X_i + A)$$

式中,T 为被测样品的熔点值;X_i 为第 i 次熔点值;A 为修正值;n 为测量次数。

本实验要求测定脲的熔点二次。

(2)数字熔点仪:以 WRS-1 数字熔点仪,如图 6-4。该熔点仪采用光电检测,数字温度显示等技术,初熔、全熔可自行显示,与记录仪配合使用,自动记录熔化曲线。

该熔点仪采用集成化的电子线路,可快速达到设定的起始温度,并具有六档可供选择的线性升、降温自动控制,无需实验人员在场监视,可自动储存初熔、全熔数据。

　　该仪器采用与毛细管法相似的毛细管作为样品管,首先开启电源开关,稳定后,设定并输入起始温度,此时,预置灯亮,选择升温速度,预置灯熄灭后,可插入装有样品的毛细管,此时初熔灯也熄灭,把电表调至零。按升温钮,几分钟后,初熔灯先亮,继而显示全熔读数,按初熔钮可显示初熔读数,做好记录,按降温钮使温度降至室温,最后切断电源。

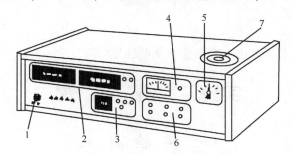

图 6-4　WRS-1 数字熔点仪

1. 电源开关;2. 温度显示单元;3. 起始温度设定单元;4. 调零单元;5. 速度选择单元;6. 线性升、
降温速度自动控制单元;7. 毛细管插口

本实验要求测定肉桂酸的熔点二次。

五、注 意 事 项

　　1. 制作毛细管时,封端头不能带尖,不能弯曲,应整体粗细均匀,端头熔成一个小玻璃球。

　　2. 样品粉碎要细,样品的填装必须紧密结实,否则产生缝隙,不易传热,造成熔程变大。样品在毛细管中的高度约 2~3mm。

　　3. 测定熔点时升温速度不能太快。原因如下:①温度计水银球的玻璃壁要比毛细管管壁薄,水银受热快,而样品受热较慢,只有缓慢加热才能减少由此带来的误差。②样品和浴液之间隔着玻璃壁,热量由管外传到管内需要一定的时间。③便于操作者仔细观察样品和温度的变化。

　　4. 每一次测定都要用新的毛细管填装新的样品,这是因为有些样品熔化过后会发生部分分解,有些会转变成具有不同熔点的其他结晶形式。

　　5. 测定容易升华的物质的熔点时,应将毛细管的开口端烧融封闭,以免升华。

　　6. 对于未知物,应首先对样品进行粗测即测定时可以一直以稍快的速度升温[2~3($℃ \cdot min^{-1}$)],测得大致的熔点范围,然后再进行精测。

　　7. 样品量太少不便观察,且熔点偏低;样品量太多,会造成熔点偏高,且熔程变大。

　　8. 每个样品至少测定两次,如果重现性不好,应测定第三次,取接近的两次作为实验结果。

六、思 考 题

　　1. 现有外观相似的两种化合物,测得二者熔点相同,能否判断二者就是同一种化合物?为什么? 如何判断才准确?

2. 测定熔点时,下列情况会给结果带来什么影响?

(1) 毛细管不洁净。

(2) 毛细管底部未完全封闭,尚有一针孔。

(3) 毛细管管壁太厚。

(4) 样品受潮。

(5) 升温速度太快。

(6) 样品纯度低。

3. 如何用测定熔点的方法来判断化合物的纯度?

实验二　重　结　晶

一、实　验　目　的

1. 掌握重结晶法提纯固态有机化合物的基本原理及基本操作。

2. 学习并掌握常压过滤、热过滤和减压过滤的操作技术。

二、实　验　原　理

重结晶是提纯固态有机化合物的最常用的方法之一。它的原理是利用不纯物中各组分在某溶剂中的溶解度的不同而使它们相互分离。固态有机化合物在溶剂中的溶解度一般是随着温度的升高而增大,这样,将不纯物的热的饱和溶液温度降低,则溶解度下降,溶液就会变成过饱和溶液而使晶体析出。重结晶就是利用溶剂对被提纯物质和杂质的溶解度的不同,使杂质在热过滤时被滤掉或冷却后留在母液中与结晶分离从而达到提纯的目的。注意,重结晶使用于提纯杂质含量在 5% 以下的固体化合物,杂质含量过多,常会影响提纯效果,须经过多次重结晶才能提纯,因此常用其他方法先将其初步纯化,然后再用重结晶法提纯。重结晶的一般过程为:

1. 选择适当的溶剂,将不纯物溶于其中制成饱和溶液。

2. 趁热过滤此溶液除去其中不溶性杂质。若不纯物中含有有色杂质,可在过滤前加活性炭煮沸脱色,然后再过滤,这样,便可将活性炭与不溶性杂质一同滤掉。加入活性炭后应搅拌,使其均匀分布在溶液中,再加热至沸,保持微沸 5~10min,不得在接近沸腾的溶液中加入活性炭以免引起爆沸。加入活性炭的量一般视杂质的量而定,一般为粗品质量的 1%~5%,加入过多会吸附一部分纯品,加入过少仍不能脱色,此时可补加活性炭。除用活性炭脱色外还可以用层析柱来脱色(如氧化铝吸附色谱柱等)。

3. 将滤液冷却,使结晶析出。结晶的大小与冷却的温度有关,一般迅速冷却并搅拌,往往得到细小的晶体,表面积大,表面吸附杂质较多,如将滤液慢慢冷却,析出的结晶较大,但往往有杂质和母液包在结晶内部,因此,要得到纯度高,结晶好的产品,还需摸索冷却条件,一般来讲,只要让热溶液静止冷却至室温即可,有时室温冷却也无结晶析出,这时可用玻璃棒在液面下摩擦试管内壁或投入该化合物的结晶作为晶种,促使晶体较快析出,也可以将过饱和溶液放置于冰箱内较长时间,促使晶体析出。

4. 减压过滤,得到晶体,可溶性杂质则留在滤液中,弃去滤液。

5. 用少量溶剂洗涤晶体,并抽干。

6. 干燥后测定晶体的熔点。

7. 纯度不符合要求时,可重复以上操作,直到符合要求为止。

在重结晶时,选择一合适的溶剂是非常重要的,它是重结晶效果好坏的关键。适宜的溶剂应具备下列条件:

1. 不与被提纯的物质发生任何化学反应。

2. 被提纯的物质在该溶剂中的溶解度随温度的变化显著,即在较高温度时,能溶解较多量的被提纯物,在较低温度时只能溶解较少量的被提纯物。

3. 杂质在该溶剂中的溶解度或者很大,或者很小。很大时,被提纯的物质析出时,它还不析出,过滤时留在母液中弃去;很小时,杂质析出时,被提纯物质不析出,热过滤时除去。

4. 可得到较好的结晶。

5. 溶剂沸点不宜太高,应具有较好的挥发性,易于与结晶分离。

6. 价廉易得,毒性小,易回收,操作安全。

在具体重结晶过程中应首先查阅化学手册或文献资料,根据"相似相溶"原理选择,最后还要通过实验来确定。溶剂的选择方法为:称取 0.1g 样品于干净的小试管中,用滴管逐滴加入溶剂,不断振荡,同时注意观察溶解情况,当加入溶剂的量达到 1mL 时,若在室温下能完全溶解或间接加热至沸完全溶解,但冷却后却无结晶析出,这种溶剂不可用;而若样品可完全溶于 1mL 沸腾的溶剂中,冷却后能析出大量晶体,这种溶剂一般认为是合适的;若样品不溶于或未完全溶于 1mL 沸腾的溶剂中,可尝试逐滴加入溶剂,每次约加 0.5mL,并继续加热至沸,当加入溶剂量达到 4mL 时样品仍不能全溶,该溶剂不可用;若样品只能溶于 1~4mL 沸腾的溶剂中,冷却后无结晶,必要时可用玻璃棒摩擦试管内壁或用冷水冷却,促使晶体析出,若晶体仍不析出,则该溶剂不可用;若有晶体析出时,还要注意晶体析出量,并将晶体干燥后测其熔点,试验其纯度如何,最后综合几种溶剂的实验数据,确定一种比较适宜的溶剂。这只是一般的方法,实际情况往往复杂得多。选择一个合适的溶剂需要进行多次反复的实验。当难以选择出一种合适的溶剂时,常使用混合溶剂。混合溶剂一般是由两种溶剂组成的。其条件是:两种溶剂中一种对被提纯物具有较大的溶解度,而另一种则具有较小的溶解度;组成混合溶剂的两种溶剂应能以任意比例互溶。常用的混合溶剂有:乙醇-水、丙酮-水、乙醚-甲醇、乙醚-石油醚、醋酸-水、吡啶-水、乙醚-丙酮、苯-石油醚等。

混合溶剂中两种组分的配比有两种确定方法:

1. 固定配比:将两种溶剂按各种比例混合,分别像单一溶剂那样试验直至选到一种合适的配比。

2. 随机配比:先将样品溶在易溶溶剂中,趁热过滤除去不溶性杂质,然后逐滴加入热的难溶溶剂,随着难溶溶剂的加入,样品在混合溶剂中的溶解度降低,加至出现混浊时,再加热使之澄清透明为止,冷却溶液,即有结晶析出。

当物质的量在 10~100mg 时,也可以用 Mayo 的重结晶管(图 6-5)进行重结晶。将粗产品热溶解,经脱色、热过滤后,滤液用重结晶管收集,冷却或蒸发溶剂,使结晶析出,然后插上重结晶管的上管,放入离心试管中,离心后滤液流入试管中,而结晶则留在重结晶管的砂芯玻璃上,借助于系在重结晶管上的金属丝将重结晶管从离心试管中取出。

抽滤时用带玻璃钉的漏斗配以 10mL 吸滤瓶、真空泵抽滤。抽滤前,需在玻璃钉上放置一直径略大于玻璃钉尾部平面的滤纸,用溶剂润湿之,并抽气使其紧贴漏斗以免过滤时固体从滤纸与漏斗壁间漏下,装置如图 6-6 所示。当真空度要求不高时,微型仪器整个容量小,可用洗耳球或针筒来使其减压。

三、仪器和药品

1. 仪器　烧杯,试管,台秤,表面皿,保温漏斗,减压过滤装置等(图6-5,图6-6)。
2. 药品　苯甲酸,乙酰苯胺,乙醇,活性炭等。

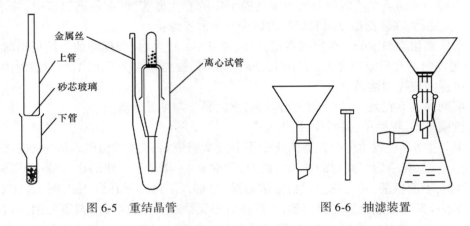

图 6-5　重结晶管　　　　　　　　　图 6-6　抽滤装置

四、实验内容

1. 单一溶剂重结晶　称取 0.2g 粗苯甲酸置于 25mL 小烧杯中,加水 10~15mL,放在石棉网上加热,并不断搅拌,直至苯甲酸全部溶解,停止加热,稍冷,加入 0.02g 活性炭,继续加热煮沸 5min,趁热过滤(用保温漏斗,过滤之前预先将夹套内的水烧热或直接注入开水),滤液收集在一洁净的小烧杯内,用表面皿盖好,自然冷却,让结晶慢慢析出。

晶体完全析出后,减压过滤,同时用少量蒸馏水洗涤晶体,重新抽干。如此重复 1~2 次,最后将晶体移至表面皿上摊成薄层,置于空气中晾干(或在 100℃ 以下烘干,也可以在红外灯下烘干),然后称量。

2. 混合溶剂重结晶　称取 0.3g 乙酰苯胺于试管中,加入 2mL 乙醇,在热水浴中加热使之溶解(可搅拌或振荡试管以加速溶解),普通过滤法,除去不溶性杂质,滤液用清洁干燥的试管接收,将所得滤液倒出 1/3 于另一试管中,放冷后观察现象(乙酰苯胺是否从溶液中析出?为什么?);余下的溶液在不断振荡下逐滴加入热蒸馏水到稍显混浊为止,再将其置于热水浴中加热到溶液呈清亮,然后取出冷至室温,观察乙酰苯胺的析出。

五、注意事项

1. 活性炭的用量可根据杂质颜色深浅而定,一般用量为固体重量的 1%~5%。煮沸,不断搅拌,一次脱色不好,可再加少量活性炭,重复操作。
2. 活性炭不可加到正在沸腾的溶液中,以免引起爆沸。
3. 保温漏斗是一种减少散热的夹套式漏斗,它是把玻璃漏斗套在一个金属制的漏斗套中组成的(图6-7)。使用时将热水(为节省时间通常用沸水)注入金属漏斗套中,加热侧管。如重结晶所用溶剂为易燃溶剂,在过滤前必须将火熄灭。漏斗中放入折叠滤纸(也称菊花形滤纸,折叠方法见注意事项4),用少量水润湿滤纸(也可不润湿),待保温漏斗温度较高

时将热溶液分批倒入漏斗,不要倒得太满,
也不要等滤完再倒,未倒的溶液和保温漏斗
用小火加热,保持微沸。过滤时一般不要用
玻璃棒引流,以免加速降温;接收滤液的容
器内壁不要贴紧漏斗颈,以免溶液迅速冷却
而析出晶体,堵塞漏斗口,导致无法过滤。

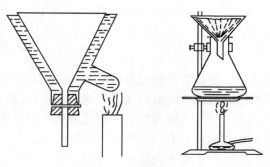

图 6-7　热过滤装置

4. 折叠滤纸又叫菊花形滤纸,其折法
如下:

首先将圆形滤纸对半折叠成半圆;再
将双层半圆滤纸依次对半同向折叠成八
份,即七个折痕向着同一方向,见图 6-8A、B、C;再在每两个折痕之间沿相反的方向折一
次,如图 6-8D,把半圆形滤纸等分成了 16 份;最后,在 1 和 3 的地方各向内折叠一次,最
后折成如图 6-8E 的折叠滤纸。折叠时注意不要用手指甲用力刮折痕,尤其是滤纸的中
央部分,以免折破滤纸。使用时可将折好的滤纸打开后翻转,放入漏斗。

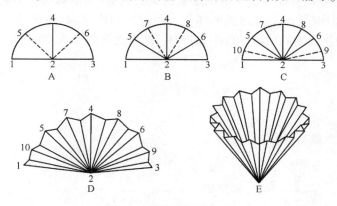

图 6-8　菊花形滤纸折法

六、思　考　题

1. 粗苯甲酸中所含不溶性杂质、有色杂质以及易溶于水的杂质是在哪一步操作中除
去的?

2. 样品中含有有色杂质时需要加入活性炭,操作时应注意什么?

3. 减压过滤时要注意哪些问题?

4. 如何选择溶剂?作为混合溶剂应满足哪些条件?

实验三　萃取和分液漏斗的使用

一、实验目的

1. 学习并掌握萃取的基本原理。

2. 掌握分液漏斗的使用方法。

3. 掌握索氏提取器的工作原理及操作方法。

二、实验原理

萃取是提取或提纯有机化合物的最常用的方法之一。其原理是利用萃取物在两种互不相溶的溶剂中的溶解度或分配比的不同,使其从一种溶剂中转移到另一种溶剂中而与杂质分离。利用萃取可以从固体或液体中提取出所需物质,也可以用来洗去混合物中少量杂质。通常称前者为"抽提"或"萃取";后者为"洗涤"。

萃取的主要理论依据是分配定律。分配定律的内容是:在一定温度、压力下,一种物质在两种不同的溶剂中的分配浓度之比为一常数,可表示如下:

$$c_A / c_B = K$$

式中 c_A、c_B 分别表示一种化合物在两种互不相溶的溶剂中的物质的量浓度,K 为一常数,称为"分配系数",它可以近似地看做为此物质在两溶剂中的溶解度之比。利用上式可计算出每次萃取后溶液中被萃取物的剩余量,设 m_0 为待萃取物的总质量,V 为原溶液的体积,m_1 为第一次萃取后待萃取物在原溶液中的剩余量,m_2 为第二次萃取后待萃取物在原溶液中的剩余量,V_s 为每一次萃取所用萃取溶剂的体积。经过第一次萃取,原溶液中化合物的浓度为 m_1/V;而萃取剂中化合物的浓度为 $(m_0 - m_1)/V_s$;两者之比等于 K,即

$$\frac{\dfrac{m_1}{V}}{\dfrac{m_0 - m_1}{V_s}} = K \quad 整理得 \quad m_1 = m_0 \frac{KV}{KV + V_s}$$

同理,经二次萃取后,则有

$$\frac{\dfrac{m_2}{V}}{\dfrac{m_1 - m_2}{V_s}} = K \quad 整理得 \quad m_2 = m_1 \frac{KV}{KV + V_s} = m_0 \left(\frac{KV}{KV + V_s} \right)^2$$

因此,经 n 次萃取后

$$m_n = m_0 \left(\frac{KV}{KV + V_s} \right)^n$$

由上式可知:用一定量的溶剂进行萃取时,分多次萃取比一次萃取效率高。即用同一分量的溶剂分多次用少量溶剂来萃取其效率高于一次用全量来进行萃取。萃取次数取决于分配系数,一般为 3~5 次,萃取后将各次萃取液合并,加入适当的干燥剂干燥,然后蒸去溶剂,所得有机物视其性质可再用蒸馏,重结晶等方法进一步提纯。

具体操作分以下两种情况:液-液萃取和液-固萃取。

1. 液-液萃取　液-液萃取通常用分液漏斗来进行。分液漏斗有球形、梨形(或锥形)、筒形三种。梨形及筒形分液漏斗多用于分液操作使用。球形分液漏斗既作加液使用,也常用于分液时使用。使用时可选择容积较溶液体积大 1~2 倍的分液漏斗,先在分液漏斗的旋塞上涂上凡士林,然后插上活塞,旋转活塞使其均匀透明,将分液漏斗顶端的玻璃塞与下端活塞用细绳套扎在漏斗上,并检查玻璃塞与活塞是否严密。将旋塞关闭好,装好待萃取物和溶剂,盖好塞子,振荡漏斗,以使两层液体充分接触。振荡方法是:先把分液漏斗倾斜,上口略朝下,如图 6-9 活塞部分向上并朝向无人处,右手掌顶住漏斗上口的玻璃塞,手指握住

漏斗颈部,左手握住漏斗的活塞部分,大拇指和食指按住活塞柄,中指垫在塞座下边,将漏斗倾斜,使漏斗活塞部分向上,握持方式既要防止振荡时活塞转动或脱落,又便于灵活地旋动活塞。振荡后,令漏斗仍保持倾斜状态,旋开活塞,放出因溶剂挥发或反应产生的气体,使内外压力平衡,重复数次至放气时只有很小的压力,将分液漏斗静置于铁环上,静置,待两层液体完全分开、界面非常清晰后,打开上口玻璃塞,再慢慢旋开

图 6-9　分液漏斗示意图

活塞,分出下层液体,上层液体从分液漏斗的上口倒出,切不可从旋塞放出,以免被残留的上层液体污染。在多次提取中,再将被萃取层倒回分液漏斗中,加入溶剂重复操作,为使分液完全,当上层液体流近活塞时,关闭活塞,停止分液,静置片刻或轻轻振荡,这时下层液体往往增多,再把下层液体仔细分出,然后将上层液体从分液漏斗上口倒出。

　　在微型实验中,若待分离液体仅 2～3ml 甚至只有几十微升时,用分液漏斗显然不很理想,可用离心试管和毛细滴管配合进行操作。具体方法是将待分离液体转移至合适的离心试管中,通过挤压毛细滴管的橡胶滴头充分鼓泡搅动,或将离心试管加盖后振荡,开塞放气使其充分混合后加塞静置分层,然后用毛细滴管将其中一层吸出,转移至另一离心试管中。如毛细滴管吸入混合液,可待管中液体静置分层后再将两层液体分别滴入不同的离心试管中。如图 6-10 所示。

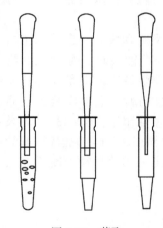

图 6-10　萃取

　　如遇到乳化现象、两相相对密度相似难以分离时,可采取下列方法处理:

　　(1) 长时间静置。

　　(2) 加入少量电解质破乳或增大水相的相对密度,使两相分离。

　　(3) 若因溶液呈碱性而产生乳化,可加入少量稀硫酸或用过滤的方法除去。

　　(4) 根据不同的情况,可以加入其他破乳物质,如乙醇、磺化蓖麻油等。

　　为了提高萃取效率,减少试剂用量和化合物的损失,多采用连续萃取装置,使溶剂在萃取后能自动流入加热器,受热汽化,冷凝变成液体,再进行萃取,如此循环即可萃取出大部分物质。此法萃取效率高,溶剂用量少,操作简便,损失较少,唯一的缺点是萃取时间长。使用连续萃取方法时,根据所选溶剂相对密度的大小应采取不同的装置(图6-11),其原理相似。

　　2. 液-固萃取　　液-固萃取用于用溶剂从固相中提取某组分,它是利用溶剂对样品中待提取组分和杂质溶解度的不同来达到分离提纯的目的的。

　　实验室中常用索氏提取器进行萃取,索氏提取器也称脂肪提取器,它是由烧瓶、抽提筒、回流冷凝管三部分组成,如图 6-12 所示。

　　索氏提取器是利用溶剂的回流及虹吸原理,使固体物质每一次都能被纯的溶剂所萃取,减少了溶剂的用量,缩短了提取时间,因而效率较高。萃取前先将固体物质研细,以增加溶剂浸溶的面积,然后将研细的固体物质用滤纸包成筒状,置于抽提筒中,将溶剂加到烧瓶内,并与抽提筒相连,抽提筒上端接冷凝管,溶剂受热沸腾,其蒸气沿抽提筒侧管(蒸气上

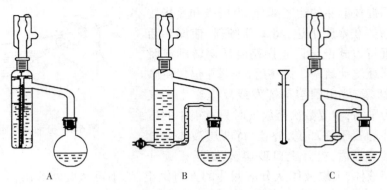

图 6-11　连续萃取装置

A. 较轻溶剂萃取较重溶液中物质的装置；B. 较重溶剂萃取较轻溶液中物质的装置；C. 适用于 A、B
两种情况的装置

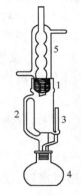

图 6-12　索氏提取器
1. 抽提筒；2. 蒸气上升管；
3. 虹吸管；4. 烧瓶；
5. 冷凝管

升管)上升至冷凝管,在冷凝管被冷凝为液体,滴入抽提筒中并浸泡抽提筒内样品,当液面超过虹吸管最高处时,溶液即虹吸流回烧瓶,从而萃取出溶于溶剂的部分组分,继续加热,溶剂在烧瓶内被蒸发进入冷凝管,冷凝后再滴入到抽提筒内,将样品浸泡起来,发生第二次萃取,如此多次重复,溶剂在索氏提取器内循环流动发生连续萃取,将被提取的组分富集在烧瓶内,然后再将被提取组分与溶剂分离开,必要时可用其他方法进一步纯化。

　　在微量实验中,可利用圆底烧瓶、微型蒸馏头和冷凝管来进行固-液萃取。将固体混合物研细后置于微型蒸馏头的承接阱中,在阱中加满溶剂,烧瓶中也加入适量溶剂,加热烧瓶中的溶剂受热蒸发后又被冷凝流入承接阱中,承接阱中的溶剂就会溢出而流入烧瓶中,如此反复即可将固体中所需要的组分萃取出来(图 6-13)。若被萃取物质的溶解度较小,可采用微型提取器(图 6-14),把待萃取的固体放入折叠滤纸中,加热回流,被蒸发出来的蒸气被冷凝后流入滤纸中,即发生萃取,溶有被萃取组分的溶剂又随即流入烧瓶中。

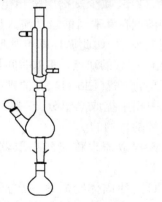

图 6-13　用微型蒸馏头萃取　　　图 6-14　固液萃取

三、仪器和药品

1. 仪器　分液漏斗,索氏提取器,烧杯,蒸馏装置,锥形瓶。
2. 药品　乙醚,对甲苯胺,萘,β-萘酚,浓 HCl,10% NaOH,无水 CaCl$_2$等。

四、实 验 内 容

称取 0.8g 混合物样品(由对甲苯胺,β-萘酚,萘组成的三组分混合样品),溶于 6mL 乙醚中,溶液转入 10mL 分液漏斗中分别用 0.5mL HCl 溶液(1mL 浓 HCl+8mL 水)萃取二次,将下层液体放入锥形瓶中,上层溶液再用 2mL 水进行萃取,以除去过量的盐酸溶液,合并三次萃取液,在搅拌下滴加 10% NaOH 溶液至其呈碱性,然后每次用 6mL 乙醚对下层水溶液进行萃取,合并乙醚萃取液,用粒状 NaOH 干燥 10~15min,然后,将其蒸馏回收溶剂,将残留物称重,干燥后测其熔点。

剩下的乙醚溶液用 10% NaOH 溶液(每次用 2mL)萃取二次,再用 3mL 水萃取一次,合并,在冷却下,加浓 HCl 直至溶液对石蕊试纸呈酸性为止,至终点时有白色沉淀生成,真空抽滤,回收酚,干燥后称重并测其熔点。

上层乙醚溶液从分液漏斗上口倒入锥形瓶中,加入适量无水 CaCl$_2$,振荡,放置 15min,过滤,将滤液转入一圆底烧瓶中,用水浴蒸馏并回收乙醚。将残留物晾干,称重,干燥后测其熔点。

必要时每种组分可进一步重结晶,以获得熔点敏锐的纯品。

五、注 意 事 项

1. 分液漏斗如有漏水现象,应及时处理。取下活塞用干净的纸或布擦净活塞及活塞孔道的内壁,然后,用玻璃棒蘸取少量凡士林,先在活塞近把手的一端涂上一层凡士林,再在活塞的孔道内涂上少量凡士林,注意不要涂在活塞的孔中,然后插上活塞,反时针旋转至透明时,即可使用。使用分液漏斗时应注意:
(1) 不能把活塞上涂有凡士林的分液漏斗放在烘箱内烘干。
(2) 不能用手拿分液漏斗的下端。
(3) 不能用手拿住分液漏斗进行分离。
(4) 玻璃塞打开后才能开启活塞。
(5) 上层液体不能由漏斗脚放出。
2. 在液-液萃取时,要注意随时打开分液漏斗旋塞排出里面的气体,以解除分液漏斗内的压力。
3. 每次使用萃取溶剂的体积一般为被萃取液体的 1/5~1/3,两者的总体积应不超过分液漏斗总体积的 2/3。
4. 萃取某些含有碱性或表面活性较强的物质时,常会产生乳化现象。有时由于存在少量轻质沉淀,或溶剂部分互溶,或两相相对密度相差较小时,都会使两液相界面不清晰,此时可采取如下方法:
(1) 长时间静置。
(2) 加入少量电解质(如氯化钠),利用盐析作用加以破坏,在两相相对密度相差较小时,加入氯化钠也可以增加水相的相对密度。

（3）若因溶液呈碱性而产生乳化现象,可加入少量稀硫酸或采用过滤的方法除去。

（4）根据不同的情况,可以加入其他破乳物质,如乙醇、磺化蓖麻油等。

5. 在固-液萃取时,滤纸包中样品的高度不能超过虹吸管的最高处,纸包要包紧以免样品漏出而堵塞虹吸管。

6. 固体样品也可以装入滤纸筒内,滤纸筒的直径要略小于抽提筒的内径,其高度一般要超过虹吸管,但样品高度不要超过虹吸管。滤纸筒可以自行制备:将滤纸卷成筒状直径要略小于抽提筒的内径,将底部折起以封闭,也可以用线扎紧,装入样品,上口盖以滤纸或脱脂棉,以保证回流液均匀地浸泡样品。

六、思 考 题

1. 使用分液漏斗时为什么要随时排出内部的气体?
2. 使用分液漏斗时要注意哪些问题?
3. 用分液漏斗分离两相液体时,应如何分离?
4. 用有机溶剂萃取水溶液,不能确定有机溶剂在哪一相时,应如何判断?
5. 用乙醚、氯仿、四氯化碳、苯作萃取剂萃取水溶液,它们应在上层还是下层?

实验四　蒸馏及沸点的测定

一、实 验 目 的

1. 了解沸点测定的意义。
2. 掌握常量法(蒸馏法)及微量法测定沸点的原理及方法。
3. 熟练掌握简单蒸馏操作。

二、实 验 原 理

如果把液体置于密闭的真空容器中,液体分子会连续不断地离开液体表面成为气体分子而扩散到容器上方的空间,此过程称为"蒸发"。同时,从有蒸气产生的那一瞬间开始,蒸气分子也不断地变成液体分子回到液体中,此过程称为"凝聚"。开始时,蒸发速度大于凝聚速度,随着蒸气分子数增多,凝聚速度不断增大。当蒸发速度与凝聚速度达到相等时,液体上方的蒸气达到饱和,其浓度不再随时间的变化而变化,成为饱和蒸汽,所产生的压力称为饱和蒸气压,简称蒸气压。实验证明,液体的蒸气压只与温度有关,在一定温度下,一种液体的蒸气压具有定值;温度改变时液体的蒸气压也随之改变,液体的蒸气压随温度的升高而加大。当液体的蒸气压达到与外界大气压或与所给大气压相等时,液体就会沸腾,这时的温度即为该液体的沸点。显然,沸点与液体所受外界大气压有关。通常所说的液体的沸点是指在 101.3kPa 压力下液体沸腾时的温度。例如,水的沸点是 100℃,是指在 101.3kPa 压力下,水在 100℃时沸腾。

蒸馏是分离和提纯液态有机化合物的一种常用的重要的方法,它是指将液体有机物加热至沸腾,使之汽化,然后再将蒸气冷凝成液体的过程。通过蒸馏可将沸点不同的各组分分开。但各组分的沸点相差较大(一般在 30℃ 以上)时才能得到较好的分离效果。蒸馏时，沸点低的组分先蒸出，沸点较高的随后蒸出，不蒸发的留在蒸馏瓶内，这样就可以达到分离提纯的目的。纯的液态有机化合物在一定温度下具有一定的沸点，其温度的变化范围即沸点范围(也称沸程)很小，一般不超过 0.5~1℃，所以，可以用蒸馏的方法来测定液体的沸点。若液体中含有杂质，则沸点将降低，沸点范围也会变宽。但反过来，具有一定沸点的化合物不一定都是纯的有机化合物，因为某些有机化合物常常会与其他组分形成二元或三元共沸混合物，它们也具有一定的沸点。尽管如此，沸点仍可作为鉴定液体有机化合物和检验物质纯度的重要物理常数之一。

简单的蒸馏装置由蒸馏烧瓶，蒸馏头，温度计套管，温度计，直形冷凝管，接引管(也称尾接管)，接受瓶等仪器组成。液体在蒸馏烧瓶内被汽化，蒸气经蒸馏头支管进入冷凝管，在冷凝管被冷凝成液体经接引管流入接受瓶。蒸馏烧瓶的选择应根据待蒸馏液体的体积来确定，通常液体的体积应占蒸馏烧瓶容积的 1/3~2/3，蒸气在冷凝管中被冷凝成液体，以水作为冷却剂，水从冷凝管套管的下端流进，从其上端出水口流出，且上端出水口应向上，以保证套管中充满水，冷凝管应根据馏分沸点的不同来选择：当馏分的沸点在 140℃ 以下时，一般采用水冷凝；当馏分沸点高于 140℃，常用空气冷凝管；当蒸除较大量溶剂时，可在蒸馏头上口安装克氏分馏头，侧管接冷凝管，上口安装滴液漏斗，一边蒸馏一边加入，既可以调节滴入和蒸出的速度，又可以避免使用较大的蒸馏瓶，减少损失。此外，接液管和接收器之间应与大气相通。

安装仪器时，蒸馏烧瓶和加热器间应距 1cm 左右，然后自下而上，从左到右(或从右到左)进行安装，温度计水银球的上缘和蒸馏头支管口的下缘处在同一水平线上。整个仪器安装要求端正，无论从正面或从侧面观察，装置中各仪器的轴线都要在同一平面内，美观整齐，横平竖直，见图 6-15。除接液管和接收器外，整个装置的各部分都应装配严密，防止由于蒸气漏出而造成产品的损失或其他危险。

仪器安装好后，将待蒸馏液体通过一长颈漏斗，加到蒸馏烧瓶内(注意漏斗下口处的斜面应超过蒸馏头支管的下限)，再加 2~3 粒沸石(沸石即氟石，为多孔性物质，可形成汽化中心，因而可使溶液平稳的沸腾，防止蒸馏过程中液体在蒸馏烧瓶内发生爆沸现象。如果加热中断需要再加热时，须重新加入沸石)，安装好温度计，检查装置各部分连接是否紧密，缓慢通入冷凝水，开始加热。开始加热时，加热速度可以稍快，加热到沸腾后，温度计读数会迅速上升，此时应调节加热速度，使温度计水银球上始终保

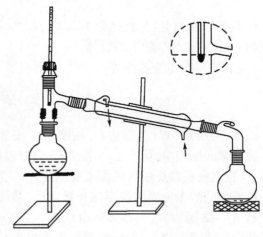

图 6-15　蒸馏装置图

持有液滴存在，使馏出液蒸出速度为每秒 1~2 滴为宜。记录第一滴馏出液滴入接受瓶时的温度并接受沸点较低的前馏分，当温度升至所需沸点范围并恒定时，更换另一接受瓶收集，并记录此时的温度范围，即馏分的温度范围。收集馏分的沸点范围越窄，则馏分的纯度越高。一般收集馏分的温度范围在 1~2℃。也可根据规定范围收集产品。当温度升至超过

所需范围或烧瓶中仅残留少量液体时,即停止蒸馏。应先停止加热,待不再有馏出液时,关掉冷凝水,取下接收器称重。拆除、拆卸装置,拆卸装置的顺序与安装相反。

在微型化学实验中,对于 5~6mL 的液体进行蒸馏时可用常量蒸馏的微缩装置,如图 6-16。对于 4mL 以下液体进行常压蒸馏时,可用微型蒸馏头进行蒸馏,如图 6-16。此装置由 5mL 或 10mL 圆底烧瓶、微型蒸馏头、冷凝管和微型温度计组成。液体在圆底烧瓶中受热汽化,在蒸馏头和冷凝管中被冷却,冷凝下来的液体沿壁流下,聚集于蒸馏头的承接阱中。将温度计的水银液面与承接阱口平齐,可以读出馏液的沸程。蒸馏结束后,取下冷凝管,用毛细滴管从侧管吸出馏出液。如还需将高沸点馏分蒸出,可以在低沸点馏分蒸完,温度下降时,停止加热,冷却,迅速换上一个蒸馏头重新加热蒸馏出高沸点馏分。

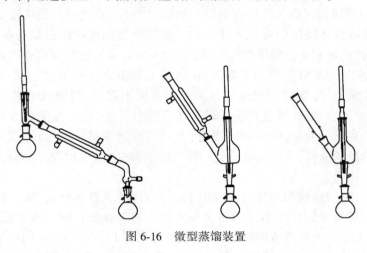

图 6-16　微型蒸馏装置

三、仪器和药品

1. 仪器　蒸馏装置,直径为 3~4mm,长 7~8cm 的一端封闭的细玻璃管,长约8~9 cm,直径约 1mm 一端开口的毛细管等。

2. 药品　苯,工业乙醇等。

四、实 验 内 容

1. 常量法测沸点(蒸馏法)　按图 6-15 安装好蒸馏装置,量取 30mL 工业乙醇通过长颈漏斗加到圆底烧瓶中,加入 2~3 粒沸石,装好温度计,通入冷凝水,检查装置是否严密,水浴加热,注意观察蒸馏烧瓶内的现象和温度计的变化。当温度计读数上升至 77℃时,换上一个已称量过的洁净干燥的锥形瓶作接收器,收集 77~79℃的馏分。蒸馏速度不要过快,以每秒蒸出 1~2 滴为宜,当蒸馏瓶内只剩下少量(约 0.5~1mL)液体时,即可以停止蒸馏,不应将瓶内液体完全蒸干,否则容易发生意外事故。量出所收集馏分的体积并计算回收率。(残留乙醇回收)。

2. 微量法测沸点　取一根直径为 3~4mm,长 7~8cm 的一端封闭的细玻璃管作为沸点管的外管,放入待测样品,使沸点管内液柱高约 1cm(约 4~5 滴),将长约 8~9cm,直径约 1mm 一端开口的毛细管开口朝下插入样品中,将此微量沸点管用小橡皮圈固定于温度计水银球旁,并浸入浴液中,浴液可用烧杯盛装,这时应用圆形搅拌器不断搅拌;也可用 b 形管盛装浴液(与测定熔点的装置相似),随着浴液温度升高,毛细管内样品的温度也在不断升高,当毛细管内有一连串的气泡放出时,停止加热,使浴液温度自行下降,气泡逸出的速度渐渐减慢,当最后一个气泡要逸出又要缩回毛细管中时,记录温度计读数,即为该样品的沸点。本次要求测定:

(1) 纯苯的沸点二次。

(2) 未知样的沸点三次。

五、注意事项

1. 微量法测沸点时应注意

(1) 加热不能过快,被测液体不能太少,以免液体全部汽化。对于未知样品,第一次可以以较快的速度加热,先测得大致的沸点即先进行粗测,第二、三次再精测。

(2) 正式测定前让毛细管内有大量气泡放出,以此带出空气。

(3) 选用的外管管壁不要太厚,太厚时传热慢,可能导致沸点偏高。

(4) 观察要认真仔细。

2. 蒸馏时,要注意仪器的组装顺序和拆卸顺序。

(1) 组装顺序:先下后上,先左后右(或先右后左)。

(2) 拆卸顺序:与组装顺序相反。

3. 组装蒸馏装置时要注意温度计水银球的位置。

4. 蒸馏时注意加热和通冷凝水的顺序。蒸馏时,先通冷凝水,后加热;蒸馏完毕后,先停止加热,后停冷凝水。

六、思　考　题

1. 蒸馏时应先加热还是先通入冷凝水,为什么?

2. 蒸馏时为什么要加沸石?若溶液已经沸腾,才发现未加沸石,怎样处理才安全?

3. 样品不纯对测定结果会有什么影响?外管管壁太厚对测定结果会有什么影响?

实验五　简单蒸馏及分馏

一、实验目的

1. 熟悉和掌握蒸馏和分馏的基本原理、应用范围,了解蒸馏和测定沸点的意义。

2. 熟练掌握蒸馏的操作要领和使用方法。

3. 掌握分馏柱的工作原理和常压下的简单分馏操作方法。

二、实验原理

实验证明,液体的蒸气压只与温度有关。即液体在一定温度下具有一定的蒸气压。当液态物质受热时蒸气压增大,待蒸气压大到与大气压或所给压力相等时液体沸腾,这时的温度称为液体的沸点。

将液体加热至沸腾,使液体变为蒸气,然后使蒸气冷却再凝结为液体,这个过程的联合操作称为蒸馏。蒸馏是提纯液体物质和分离混合物的一种常用方法。纯净的液体有机化合物在一定的压力下具有一定的沸点(沸程 0.5~1.5℃)。利用这一点,我们可以测定纯液体有机物的沸点,见表6-2。

表 6-2 主要试剂及产品的物理常数(文献值)

名称	分子量	性状	折光率	比重	熔点℃	沸点℃	溶解度:g/100ml 溶剂		
							水	醇	醚
乙醇	46.07	liq	1.3600	0.785	−144	78	∞	∞	∞
甲醇	32.04	liq	1.3280	0.7900	−98	64.7	∞	∞	∞

应用分馏柱将几种沸点相近的混合物进行分离的方法称为分馏。将几种具有不同沸点而又可以完全互溶的液体混合物加热,当其总蒸气压等于外界压力时,就开始沸腾汽化,蒸气中易挥发液体的成分较在原混合液中为多。在分馏柱内,当上升的蒸气与下降的冷凝液互相接触时,上升的蒸气部分冷凝放出热量使下降的冷凝液部分气化,两者之间发生了热量交换,其结果,上升蒸气中易挥发组分增加,而下降的冷凝液中高沸点组分(难挥发组分)增加,如此继续多次,就等于进行了多次的气液平衡,即达到了多次蒸馏的效果。这样靠近分馏柱顶部易挥发物质的组分比率高,而在烧瓶里高沸点组分(难挥发组分)的比率高。这样只要分馏柱足够高,就可将这种组分完全彻底分开。

蒸馏和分馏的基本原理是一样的,都是利用有机物质的沸点不同,在蒸馏过程中低沸点的组分先蒸出,高沸点的组分后蒸出,从而达到分离提纯的目的。不同的是,分馏借助于分馏柱使一系列的蒸馏不需多次重复,一次得以完成(分馏即多次蒸馏),应用范围也不同,蒸馏时混合液体中各组分的沸点要相差30℃以上,才可以进行分离,而要彻底分离沸点要相差110℃以上。分馏可使沸点相近的互溶液体混合物(甚至沸点仅相差1~2℃)得到分离和纯化。工业上的精馏塔就相当于分馏柱。

三、仪器和药品

1. 仪器 10mL 圆底烧瓶,10mL 量筒,回流冷凝管,分液漏斗,5mL 锥形瓶,微型蒸馏装置,酒精灯(或电炉),折光仪,台秤,温度计,研钵,表面皿,显微熔点测定仪,烧杯,试管,保温漏斗,减压过滤装置,沸石等。

2. 药品 乙醇。

四、实验内容

蒸馏及分馏装置的正确安装和应用见图6-17,主要试剂及产品的物理常数见表6-2。量取 5mL 乙醇和 5mL 蒸馏水,混合后进行蒸馏。

五、注意事项

1. 蒸馏装置及安装时仪器安装顺序为:自下而上,从左到右。拆卸仪器与其顺序相反。温度计水银球上限应和蒸馏头侧管的下限在同一水平线上,冷凝水应从下口进,上口出(图6-7)。

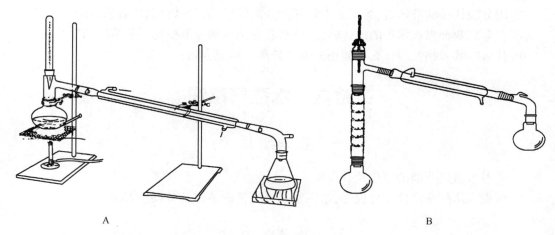

图 6-17　蒸馏及分馏装置
A. 简单的分流装置;B. 用分离柱进行分离

2. 蒸馏及分馏效果好坏与操作条件有直接关系,其中最主要的是控制馏出液流出速度,以 1~2 滴/秒为宜(1mL/min),不能太快,否则达不到分离要求。

3. 当蒸馏沸点高于 140℃ 的物质时,应该使用空气冷凝管。

4. 如果维持原来加热程度,不再有馏出液蒸出,温度突然下降时,就应停止蒸馏,即使杂质量很少也不能蒸干,特别是蒸馏低沸点液体时更要注意不能蒸干,否则易发生意外事故。蒸馏完毕,先停止加热,后停止通冷却水,拆卸仪器,其程序和安装时相反。

5. 简单分馏操作和蒸馏大致相同,要很好地进行分馏,必须注意下列几点:

(1) 分馏一定要缓慢进行,控制好恒定的蒸馏速度(1~2 滴/秒),这样,可以得到比较好的分馏效果。

(2) 要使有相当量的液体沿柱流回烧瓶中,即要选择合适的回流比,使上升的气流和下降液体充分进行热交换,使易挥发组分尽量上升,难挥发组分尽量下降,分馏效果更好。

(3) 必须尽量减少分馏柱的热量损失和波动。柱的外围可用石棉包住,这样可以减少柱内热量的散发,减少风和室温的影响,也减少了热量的损失和波动,使加热均匀,分馏操作平稳地进行。

六、思　考　题

1. 什么叫沸点?液体的沸点和大气压有什么关系?文献里记载的某物质的沸点是否即为你们那里的沸点温度?

2. 蒸馏时加入沸石的作用是什么?如果蒸馏前忘记加沸石,能否立即将沸石加至将近沸腾的液体中?当重新蒸馏时,用过的沸石能否继续使用?

3. 为什么蒸馏时最好控制馏出液的速度为 1~2 滴/秒为宜?

4. 如果液体具有恒定的沸点,那么能否认为它是单纯物质?

5. 分馏和蒸馏在原理及装置上有哪些异同?如果是两种沸点很接近的液体组成的混合物能否用分馏来提纯呢?

6. 若加热太快,馏出液>1~2 滴/秒(每秒钟的滴数超过要求量),用分馏分离两种液体的能力会显著下降,为什么?

7. 用分馏柱提纯液体时,为了取得较好的分离效果,为什么分馏柱必须保持回流液?

8. 在分离两种沸点相近的液体时,为什么装有填料的分馏柱比不装填料的效率高?

9. 什么叫共沸物? 为什么不能用分馏法分离共沸混合物?

实验六　水蒸气蒸馏

一、实 验 目 的

1. 学习水蒸气蒸馏的原理及其应用。

2. 认识水蒸气蒸馏的主要仪器,掌握水蒸气蒸馏的装置及其操作方法。

二、实 验 原 理

水蒸气蒸馏(steam distillation)是将水蒸气通入不溶于水的有机物中或使有机物与水经过共沸而蒸出的操作过程。水蒸气蒸馏是分离和纯化与水不相混溶的挥发性有机物常用的方法。适用范围包括:

1. 从大量树脂状杂质或不挥发性杂质中分离有机物。

2. 除去不挥发性的有机杂质。

3. 从固体多的反应混合物中分离被吸附的液体产物。

4. 水蒸气蒸馏常用于蒸馏那些沸点很高且在接近或达到沸点温度时易分解、易变色的挥发性液体或固体有机物,除去不挥发性的杂质。但是对于那些与水共沸腾时会发生化学反应的或在 100℃ 左右时蒸气压小于 1.3kPa 的物质,这一方法不适用。

根据分压定律:当水与有机物混合共热时,其总蒸气压为各组分分压之和。即:$P = P_{H_2O} + P_A$,当总蒸气压(P)与大气压力相等时,则液体沸腾。有机物可在比其沸点低得多的温度,而且在低于 100 ℃ 的温度下随蒸气一起蒸馏出来,这样的操作叫做水蒸气蒸馏。

馏出液组分的计算:

假定两组分是理想气体,则根据 $PV = nRT = WRT / M$

得 $W_A / W_{H_2O} = M_A P_A / M_{H_2O} P_{H_2O}$。

例:苯甲醛(b. p. 178℃),进行水蒸气蒸馏时,在 97.9℃ 沸腾。

这时 $P_{H_2O} = 703.5$ mmHg

$P_{C_6H_5CHO} = 760 - 703.5 = 56.5$ mmHg,$M_{C_6H_5CHO} = 106$,$M_{H_2O} = 18$,代入上式得

$W_{C_6H_5CHO} / W_{H_2O} = 106 × 56.5 / 18 × 703.5 = 0.473$(g)

即每蒸出 0.473(g)C_6H_5CHO,需蒸出水的量为 1g,若蒸 10mL C_6H_5CHO,需出水量(理论):$10 × 1.041 / 0.4733 = 10.41 / 0.473 = 22mL(H_2O)$

即蒸馏 10 mL C_6H_5CHO,有 22mL H_2O 被蒸出。这个数值为理论值,因为实验时有相当一部分水蒸气来不及与被蒸馏物做充分接触便离开蒸馏瓶,同时苯甲醛微溶于水,所以实验蒸馏出的水量往往超过计算值,故计算值仅为近似值。

三、仪器和药品

1. 仪器　10mL 圆底烧瓶, 10mL 量筒,回流冷凝管,分液漏斗,5mL 锥形瓶,微型蒸馏

装置,酒精灯(或电炉),折光仪,台秤,温度计,研钵,表面皿,显微熔点测定仪,烧杯,试管,保温漏斗,减压过滤装置。

2. 药品　苯胺3mL。

3. 其他　沸石等。

四、实验内容

水蒸气蒸馏操作是将水蒸气通入含有不溶或难溶于水但有一定挥发性的有机物质的混合物中,使该有机物在低于100℃的温度下随水蒸气一起蒸馏出来。

两种互不相溶的液体混合物的蒸气压等于两液体单独存在时的蒸气压之和。当组成混合物的两液体的蒸气压之和等于大气压力时,混合物开始沸腾。互不相溶的液体混合物的沸点,要比每一物质单独存在时的沸点低。因此在含有不溶于水且有一定挥发性的有机物质的混合物中,通入水蒸气进行水蒸气蒸馏时,在低于该物质的沸点及水的沸点(100℃)的某一温度下可使该物质和水一起被蒸馏出来,从而使该物质与混合物分离。水蒸气蒸馏常用于下列各种情况:①混合物中含有大量的固体,通常的蒸馏、过滤、萃取等方法都不适用;②混合物中含有焦油状物质,采用通常的蒸馏、萃取等方法非常困难;③在常压下,蒸馏会发生分解的高沸点有机物质。

如仅需5mL以下水量就可以完成的水蒸气蒸馏,则可用简易水蒸气蒸馏装置,即将5mL水加入烧瓶中,煮沸蒸馏就可达到很好的效果,如图6-18所示。

对于需5~10mL以上水量才能完成的水蒸气蒸馏,可用常量水蒸气蒸馏的微缩装置,如图6-19所示,主要试剂及产品的物理常数见表6-3。

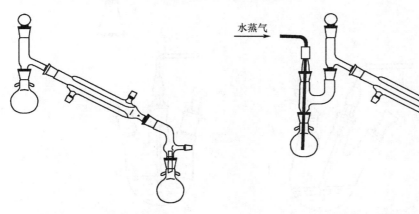

图 6-18　简易水蒸气蒸馏装置　　　　图 6-19　微型水蒸气蒸馏装置

表 6-3　主要试剂及产品的物理常数(文献值)

名称	分子量	性状	折光率	比重	熔点℃	沸点℃	溶解度:g/100mL 溶剂		
							水	醇	醚
苯胺	93.13	无色油状液	1.5860	1.022	-6	184	3.6/18	∞	∞

也可用如图6-20装置,根据所需水量选择二口烧瓶,使产生的水蒸气通入装有待蒸馏物质的具支试管中,馏出液经冷凝收集。

常用水蒸气蒸馏装置的正确安装及使用如图6-21,量取15mL水和3mL苯胺进行蒸馏。

产率计算:收集馏液总体积:8.8mL,其中苯胺2.8mL。

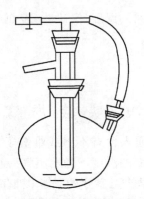

图 6-20 少量水蒸气蒸馏装置

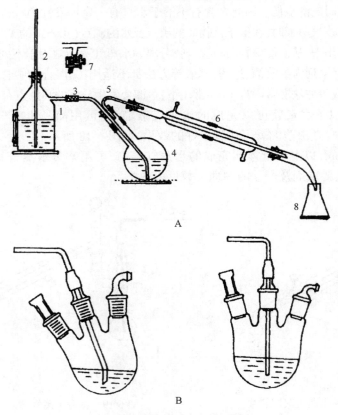

A

B

图 6-21 常用水蒸气蒸馏装置

1. 水蒸气发生器;2. 安全管;3. 水蒸气导管;4. 长颈圆底烧瓶;5. 蒸馏液导管;6. 冷凝管;7. 螺旋夹;8. 接收器

五、注意事项

1. 明确水蒸气蒸馏应用于分离和纯化时其分离对象的适用范围。
2. 保证水蒸气蒸馏顺利完成的措施。
3. 实验过程中故障的判断及排除。
4. 所分离样品的处理及纯化。

六、思　考　题

1. 水蒸气蒸馏用于分离和纯化有机物时,被提纯物质应该具备什么条件? 蒸气发生器的通常盛水量为多少?

2. 安全玻管的作用是什么?

3. 蒸馏瓶所装液体体积应为瓶容积的多少? 蒸馏中需停止蒸馏或蒸馏完毕后的操作步骤是什么?

实验七　减压蒸馏

一、实 验 目 的

1. 学习减压蒸馏的基本原理。
2. 掌握减压蒸馏的实验操作和技术。

二、实 验 原 理

减压蒸馏是分离可提纯有机化合物的常用方法之一。它特别适用于那些在常压蒸馏时未达沸点即已受热分解、氧化或聚合的物质。

液体的沸点是指它的蒸气压等于外界压力时的温度,因此液体的沸点是随外界压力的变化而变化的,如果借助于真空泵降低系统内压力,就可以降低液体的沸点,这便是减压蒸馏操作的理论依据。

液体有机化合物的沸点随外界压力的降低而降低,温度与蒸气压的关系见图6-22、图6-23。

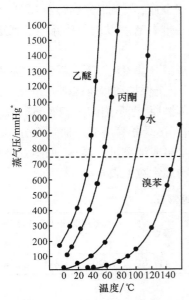

图 6-22　温度与蒸气压关系图

＊1mmHg≈133Pa

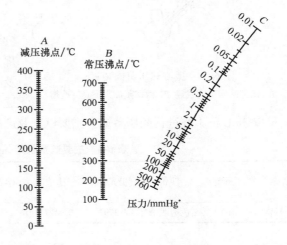

图 6-23　液体在常压、减压下的沸点近似关系图

＊1mmHg≈133Pa

所以设法降低外界压力,便可以降低液体的沸点。沸点与压力的关系可近似地用下式求出

$$\lg P = A + \frac{B}{T}$$

式中,P 为蒸气压;T 为沸点(热力学温度);A,B 为常数。如以 $\lg P$ 为纵坐标,$\frac{1}{T}$ 为横坐标,可以近似地得到一直线。

三、仪器和药品

1. 仪器 10mL 圆底烧瓶,回流冷凝管,减压过滤装置,表面皿等。
2. 药品 正丁醇。

四、实 验 内 容

减压蒸馏适用于那些在常压下蒸馏往往会发生部分分解的有机化合物及一些高沸点化合物的分离和提纯。

微型减压蒸馏实验装置由圆底烧瓶、微型蒸馏头、温度计、真空冷指及减压蒸馏毛细管组成,装置如图 6-24A 所示。因微型实验物量很小,也可以通过电磁搅拌来达到防止爆沸的目的。若仅需减压蒸去溶剂而不需测定沸点进行减压蒸馏时,用微型蒸馏头配以真空冷指即可。装置如图 6-24B 所示。减压蒸馏时,在真空冷指的抽气指处应接有安全瓶,安全瓶分别与测压计、真空泵连接并带有活塞以调节体系真空度及通大气。

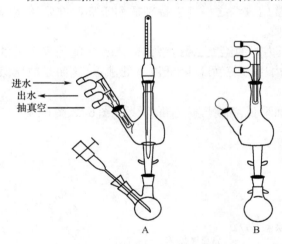

图 6-24 微型减压蒸馏装置
A. 微型减压蒸馏装置;B. 微型蒸馏头配真空冷指

常量减压蒸馏装置主要由蒸馏、抽气(减压)、安全保护和测压四部分组成。蒸馏部分由蒸馏瓶、克氏蒸馏头、毛细管、温度计及冷凝管、接受器等组成。抽气部分实验室通常用水泵或油泵进行减压,见图 6-25A、6-25B,量取 3mL 正丁醇进行减压蒸馏。主要试剂及产品的物理常数见表 6-4。

表 6-4 主要试剂及产品的物理常数

名称	分子量	性状	折光率	比重	熔点℃	沸点℃	溶解度:g/100mL 溶剂		
							水	醇	醚
正丁醇	74.12	无色透明液体	1.3993	0.80978	−89.12	117.7	7.920	∞	∞

五、注 意 事 项

仪器安装好后,先检查系统是否漏气,方法是:关闭毛细管,减压至压力稳定后,夹住连

接系统的橡皮管,观察压力计水银柱有否变化,无变化说明不漏气,有变化即表示漏气。为使系统密闭性好,磨口仪器的所有接口部分都必须用真空油脂润涂好。检查仪器不漏气后,加入待蒸的液体,量不要超过蒸馏瓶的一半,关好安全瓶上的活塞,开动油泵,调节毛细管导入的空气量,以能冒出一连串小气泡为宜。当压力稳定后,开始加热。液体沸腾后,应注意控制温度,并观察沸点变化情况。待沸点稳定时,转动多尾接液管接受馏分,蒸馏速度以 0.5~1 滴/秒为宜,蒸馏完毕,除去热源,慢慢旋开夹在毛细管上的橡皮管的螺旋夹,待蒸馏瓶稍冷后再慢慢开启安全瓶上的活塞,平衡内外压力,(若开得太快,水银柱很快上升,有冲破测压计的可能),然后才关闭抽气泵。

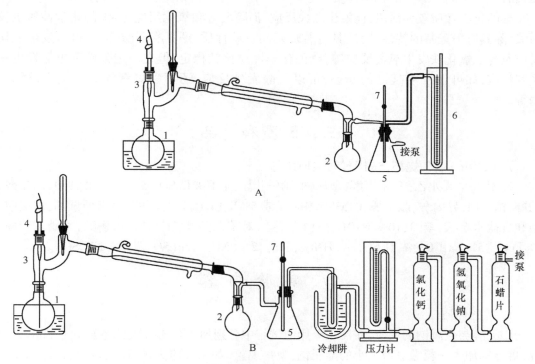

图 6-25　减压蒸馏装置

1. 克氏烧瓶;2. 接收器;3. 毛细管;4. 螺丝夹;5. 安全瓶;6. 压力计;7. 两通活塞

六、思　考　题

1. 具有什么性质的化合物需用减压蒸馏进行提纯?
2. 使用水泵减压蒸馏时,应采取什么预防措施?
3. 使用油泵减压时,要有哪些吸收和保护装置? 其作用是什么?
4. 当减压蒸完所要的化合物后,应如何停止减压蒸馏? 为什么?

实验八　醇、酚、醚的性质

一、实　验　目　的

1. 通过实验进一步认识醇、酚、醚的一般性质。

2. 比较醇和酚在化学性质上的差异。

3. 认识羟基与烃基的相互影响。

二、实 验 原 理

　　醇、酚、醚都是烃的含氧衍生物,由于氧原子所连的基团(原子)不同,使醇、酚、醚具有不同的化学性质。

　　醇和酚的分子中都有羟基,但由于在醇和酚的分子中与羟基相连的基团不同,因此,使酚具有一些不同于醇类的化学性质。

　　醇的化学性质较为活泼,能发生取代反应、消除反应和氧化反应等;酚的化学性质也较活泼,除具有酚羟基的特性外,还具有芳烃基的一些性质,酚具有弱酸性,还可以发生氧化反应及与三氯化铁发生显色反应等;醚的化学性质比较稳定,但在一定条件下也能发生一系列反应,如可以发生醚键的断裂,可以与酸发生反应,还可以被氧气氧化生成过氧化物等。

三、仪 器 和 药 品

　　1. 仪器　试管,烧杯,5ml 量筒,表面皿等。

　　2. 药品　无水乙醇,正丁醇,金属钠,酚酞指示剂,10% $CuSO_4$,5% NaOH,甘油,乙二醇,乙醇,浓 HCl,异丙醇,叔丁醇,0.5% $KMnO_4$(或 5% $K_2Cr_2O_7$),仲丁醇,卢卡斯试剂,冰醋酸,饱和食盐水溶液,苯酚,10% NaOH,CO_2(气体),对苯二酚、间苯二酚,水杨酸,邻硝基苯酚,1% $FeCl_3$,5% Na_2CO_3,浓 H_2SO_4,浓 HNO_3,乙醚,2% $(NH_4)_2Fe(SO_4)_2$,1% NH_4SCN。

四、实 验 内 容

　　1. 醇的性质

　　(1) 醇与金属钠的反应:在两支干燥的试管中分别加入 0.5mL 无水乙醇和 0.5mL 正丁醇,再分别加入一粒绿豆粒大小的金属钠,观察现象(如果反应太慢可稍微加热以加速反应的进行),待金属钠完全反应后,将反应液倒在表面皿上,并将表面皿放在水浴上加热以蒸发掉过量的溶剂,待有固体析出后,向其中加约 1ml 蒸馏水,有什么现象? 在上述水溶液中,加入 1~2 滴酚酞指示剂,又有什么现象? 对以上一系列现象给予解释。

　　(2) 多元醇与氢氧化铜的反应:取 10% $CuSO_4$ 3 滴于试管中,加入 2mL 5% NaOH 溶液,氢氧化铜完全析出后,振荡均匀,分装在 3 只试管中,分别加入 3 滴甘油、3 滴乙二醇和 3 滴乙醇,各有什么现象? 在每支试管中加入 1 滴浓 HCl,又有什么现象? 对以上一系列现象给予解释。

　　(3) 醇的氧化反应:在三支试管中分别加入 5 滴乙醇、5 滴异丙醇和 5 滴叔丁醇,再分别加入 1~2 滴 0.5% $KMnO_4$(或 5% $K_2Cr_2O_7$)溶液,随时振荡,有什么现象? 必要时可微微加热,然后再观察。对以上一系列现象给予解释。

　　(4) 醇与卢卡斯(Lucas)试剂的反应:取 3 支试管分别加入 3 滴正丁醇、3 滴仲丁醇和 3 滴叔丁醇,然后各加 5 滴卢卡斯试剂,振荡试管,静置于 30℃ 左右的水浴中,观察现象,有无混浊和分层现象,记录混浊或分层所需的时间。对以上现象给予解释。

　　(5) 醇的酯化反应:取一支试管加入 1mL 乙醇和 1mL 冰醋酸,混合均匀后再加入 5 滴

浓 H_2SO_4,振荡均匀后置于 $60\sim70℃$ 水浴中加热 10min,然后倒入盛有 3mL 饱和食盐水溶液的试管中,有什么现象?注意产物的气味,写出有关反应式。

2. 酚的性质

(1)苯酚的酸性:称 0.3g 苯酚放入试管中,加入 3mL 水,振荡均匀后,用 pH 试纸测定苯酚饱和溶液的 pH。

将苯酚溶液(取混浊液)分装在两支试管中,其中一支留作对比,另一支中逐滴加入 10% NaOH 溶液,并随加振荡至溶液清亮为止,在此清亮溶液中通入 CO_2 至溶液呈酸性,有什么现象?对以上一系列现象给予解释。

另取二支试管,各加 0.1g 苯酚,然后分别加入 0.5mL 5% Na_2CO_3 溶液和 0.5mL 饱和 $NaHCO_3$ 溶液,振荡试管,比较两支试管中发生的现象有何不同?为什么?

(2)酚与三氯化铁的反应:取六支试管分别加入苯酚、对苯二酚、间苯二酚、水杨酸、α-萘酚和 β-萘酚的饱和溶液 5 滴,再各加 3 滴 1%$FeCl_3$ 溶液,有什么现象?

(3)苯酚与溴水的反应:取一支试管加入 5 滴饱和苯酚溶液,再加入 2 滴溴水,摇动试管,有什么现象?写出反应式。

(4)苯酚的氧化:取一支试管加入 5 滴饱和苯酚溶液和 5 滴 5% Na_2CO_3 溶液,在振荡下加入 2 滴 0.5% $KMnO_4$,有什么现象?写出反应式。

(5)苯酚的硝化:取一支试管加入 0.2g 苯酚,逐滴加入 0.5mL 浓 H_2SO_4,摇匀,在沸水浴中加热 5min,加热的同时应不断搅拌,冷却后加 1.5mL 蒸馏水,然后小心滴入 0.5mL 浓 HNO_3,并不断搅拌,再在沸水浴中加热至溶液呈黄色后,取出试管冷却,有什么现象?写出反应式。

3. 醚的性质

(1)乙醚与酸的作用:取二支试管分别加入 2mL 浓 H_2SO_4 和 1mL 乙醚,并将它们放在冰水浴中冷却至 0 ℃,在摇荡下将乙醚分次加入到浓 H_2SO_4 中,边加边摇动试管,保持冷却,嗅其气味,观察是否分层?然后小心加入几滴 10% NaOH 溶液,中和掉一部分酸,观察乙醚层是否增厚。

(2)乙醚中过氧化物的检验:取一支试管加入新配制的 2% $(NH_4)_2Fe(SO_4)_2$ 溶液和 2 滴 1% NH_4SCN 溶液,再加入 0.5mL 待检乙醚,用力振荡,观察现象。由该现象可得到什么结论?给予解释。

五、注意事项

1. 试验醇与金属钠的反应时,要用无水醇。反应停止后,溶液中必须没有残余的钠时才能加水,因金属钠与水反应剧烈,不但影响实验结果,而且极不安全。

2. 多元醇与氢氧化铜的反应在强碱溶液中现象明显。

3. 在试验醇与卢卡斯试剂的反应中要注意:含碳原子数在为 3~6 的低级醇均溶于卢卡斯试剂,但与卢卡斯试剂作用后能生成不溶于卢卡斯试剂的氯代烷,反应液出现混浊,且静置后分层,而含 6 个以上碳原子的醇不溶于卢卡斯试剂中,与试剂混合后即呈混浊状态,观察不出反应是否发生,含碳原子数在 1~2 个的醇与卢卡斯试剂作用所得产物易挥发,观察不到明显的实验现象。

4. 苯酚、对苯二酚、间苯二酚、水杨酸、α-萘酚和 β-萘酚与三氯化铁反应分别生成蓝紫色、暗绿色(结晶)、蓝紫色、紫色、紫色(沉淀)和紫色(沉淀,)。注意,β-萘酚与三氯化铁的反应较慢,对苯二酚与三氯化铁反应生成的暗绿色产物不够稳定,反应时不要振荡且应及时观察。

5. 在苯酚与溴水作用的实验中,应注意苯酚与溴水反应生成微溶于水的 2,4,6-三溴苯酚白色沉淀,若滴加过量的溴水,则白色沉淀会转化为淡黄色的难溶于水的四溴化物。

6. 乙醚与酸的作用实验应在冷却条件下进行。醚与硫酸反应生成的产物溶解于过量的浓酸中,加水稀释,则可分解生成原来的醚和酸。中和掉酸,则会增加产物的分解程度。乙醚在稀盐酸中的溶解度要比它在水中或稀硫酸中的溶解度大得多。

六、思　考　题

1. 试验醇与金属钠的反应时为什么要用干燥的试管?
2. 醇、酚、醚在性质上有何异同? 如何鉴别醇、酚、醚?

实验九　醛、酮的性质

一、实　验　目　的

1. 通过实验进一步认识醛、酮的一般性质,并比较醛和酮在化学性质上的差异。
2. 掌握鉴别醛、酮的化学方法。

二、实　验　原　理

醛、酮分子中都有羰基,统称为羰基化合物。不同的是酮分子中羰基所连接的基团都是烃基,而醛分子中羰基所连接的基团中至少有一个是氢原子,羰基很活泼,可以发生多种反应,如与氰氢酸的加成、与格氏试剂的加成、与亚硫酸氢钠的加成、与氨的衍生物的加成缩合、与醇的加成反应等,除此之外,还可发生还原反应,由于羰基的影响,烃基上还可以发生一系列反应,由于醛与酮的分子结构不同,醛和酮也表现出了不同的性质,如醛还可以发生氧化反应和歧化反应。

三、仪　器　和　药　品

1. 仪器　试管,5mL 量筒,烧杯等。
2. 药品　乙醛,丙酮,苯甲醛,异丙醇,正丁醇饱和 $NaHSO_3$,2,4-二硝基苯肼,甲醛,10% NaOH,I_2-KI 溶液,斐林试剂 A,斐林试剂 B,2% $AgNO_3$,5% NaOH,2%氨水,40% KOH 乙醇溶液,品红等。

四、实　验　内　容

1. 与亚硫酸氢钠的加成反应　取三支试管,分别加入 4 滴乙醛、4 滴丙酮、4 滴苯甲醛,然后各加 1mL 饱和 $NaHSO_3$ 溶液,用力振荡,置于冰水中冷却(必要时用玻璃棒刮动试管内壁或加入乙醇)。有什么现象? 写出反应式。

2. 与 2,4-二硝基苯肼的加成反应　取四支试管,分别加入 2 滴甲醛、2 滴乙醛、2 滴丙酮和 2 滴苯甲醛,然后再分别滴加 2,4-二硝基苯肼,边加边振荡,有什么现象? 颜色不同说明什么问题?

3. 碘仿反应　取五支试管,分别加入 3 滴甲醛、3 滴乙醛、3 滴丙酮、3 滴异丙醇和 3 滴正丁醇,再分别加入 6~8 滴 10% NaOH 使溶液呈碱性,然后逐滴加入 I$_2$-KI 溶液,边加边振荡,直至反应液保持淡黄色为止,继续摇动试管,嗅其气味。有什么现象?

4. 与斐林试剂的反应　取四支试管,每支中都加入 10 滴斐林试剂 A 和 10 滴斐林试剂 B,振荡均匀得到蓝色的斐林试剂,再分别加入 3 滴甲醛、3 滴乙醛、3 滴丙酮和 3 滴苯甲醛,振荡均匀,在沸水浴中加热数分钟,有什么现象?加以解释。

5. 与银氨溶液(tollens 试剂)的反应　取四支洁净试管,加入 2mL 2% AgNO$_3$ 溶液和 2 滴 5% NaOH 溶液,然后,在摇荡下逐滴加入 2% 氨水,直至生成的氢氧化银沉淀溶解为止(不宜多加),得到澄清的银氨溶液。然后向四支试管中分别加入 3 滴甲醛、3 滴乙醛、3 滴丙酮和 3 滴苯甲醛,室温下放置几分钟,若试管中无银镜生成,可将四支试管置于约 40℃水浴中温热几分钟,观察银镜的生成。何者没反应,给予解释。

6. 乙醛在碱液中的缩合反应　取一支干燥的试管,加入 0.5mL 5% NaOH 溶液和 0.5mL 乙醛溶液,慢慢加热至沸腾(注意,勿使蒸干!)。液体渐渐发生刺臭、变黄、变棕,并析出黏稠的沉淀——缩酯。

7. 醛的自动氧化还原反应　取一支试管,加 5 滴苯甲醛,振荡下加 1mL 新配制的 40% KOH 乙醇溶液,振荡,有何现象?加水,振荡试管,又有什么现象?写出反应式。

8. 品红实验　取 3 支试管,分别加入 1mL 品红试剂(希夫试剂),再分别加 3 滴甲醛、3 滴乙醛、3 滴丙酮,摇匀,放置数分钟,有何现象(与配制试剂用的品红溶液颜色对比)?

五、注意事项

1. 用玻璃棒刮动试管内壁或加乙醇可以促使晶体生成。

2. 醛、酮与亚硫酸氢钠的反应是可逆的。生成的 2-羟基磺酸钠遇稀酸或碱即可分解而得到原来的醛、酮。对于某些醛、酮来说,与亚硫酸氢钠发生加成反应比较容易生成沉淀,但在酸或碱的作用下能分解成原来的醛或酮,所以,常利用这一反应提纯、分离某些醛或酮。醛和大多数酮以及低级环酮都会在 15min 内生成加成产物。

3. 2,4-二硝基苯肼有毒!生成的结晶的颜色往往和醛、酮分子中的共轭链有关,非共轭的酮如环己酮,生成黄色沉淀;共轭酮如二苯酮,生成橙至红色沉淀;具有长共轭链的羰基化合物则生成红色沉淀。但由于试剂本身为橙红色的,对于沉淀的颜色应小心判断。此外,强酸性或强碱性化合物会使未反应的试剂沉淀析出。

4. 除乙醛和甲基酮外,有些醇如乙醇、异丙醇等,能被次碘酸钠氧化成乙醛和甲基酮,因此这类醇也能发生碘仿反应。

5. 醛、酮与银氨溶液(tollens 试剂)的反应中应用干净的试管,否则将看不到银镜。需加热时应在温水浴中加热,切不可在酒精灯上直接加热,也不宜加热太久。因为试剂受热易生成有爆炸危险的雷酸银。tollens 试剂可以区别醛和酮。注意,易氧化的糖、多羟基酚、氨基酚和其他具有还原性的有机物也会呈现阳性反应,某些芳胺也呈阳性反应。

6. 试验乙醛在碱液中的缩合反应时应注意:加热时液体很易喷溅,所以不能剧烈加热,应缓慢加热,注意安全。

7. 进行品红实验时应注意

(1) 含 1~3 个碳的醛很敏感,微量存在时即呈阳性,其他醛则需 0.5~1mL。一些特殊的醛如对氨基苯甲醛、香草醛等不呈阳性反应。

（2）某些酮和不饱和化合物以及易吸附 SO$_2$ 的物质能使希夫试剂复原。

（3）若有无机酸存在,将会大大地降低试验的灵敏度。有人认为,希夫试剂与醛反应生成了另一种紫色化合物并回复品红原来的颜色。但所生成的紫红色染料与试剂中过量的二氧化硫作用,醛能成为亚硫酸加成物而脱下,则染料又变回希夫试剂。所以,反应液静置后会逐渐褪色。

加入较大量的无机酸,能使醛与希夫试剂的反应产物分解,因而出现褪色的现象。但甲醛与希夫试剂的反应产物在强酸条件下仍不褪色。

六、思 考 题

1. 醛和酮的化学性质有何异同,可用哪些化学方法来鉴别醛和酮?
2. 具有什么结构的醛和酮才能发生碘仿反应?

实验十 羧酸及其衍生物的性质

一、实 验 目 的

通过实验进一步熟练掌握羧酸及其衍生物的化学性质。

二、实 验 原 理

分子中含有羧基(—COOH)的有机物是羧酸,羧酸分子中的羟基被其他基团取代的产物,统称为羧酸衍生物,它们在化学性质上有很多相似之处。

羧酸具有酸的通性,如能与氢氧化钠和碳酸氢钠等发生化学反应生成盐。但不同的羧酸由于其结构不同其酸性强弱也不同。

羧基是较活泼的基团,可发生多种化学反应,如羧基中的羟基的取代反应,羧基的还原反应,烃基上还可以发生取代反应。此外,二元羧酸对热不稳定,受热能发生分解反应,不同的二元羧酸受热得到不同的产物;羧酸衍生物较为活泼,能发生一系列化学反应,如水解、醇解和氨解等。

三、仪 器 和 药 品

1. 仪器 试管,带有导气管的试管,5mL 量筒,烧杯,台秤等。
2. 药品 甲酸,乙酸,草酸,苯甲酸,10% NaOH,10% HCl,稀硫酸(1∶5),0.5% KMnO$_4$,石灰水,冰醋酸,乙酰氯,2% AgNO$_3$,乙醇,20% Na$_2$CO$_3$,氯化钠(s),乙酸乙酯,乙酸酐,稀硫酸(1∶5),40% NaOH,乙酰胺,6mol·L^{-1} NaOH,3mol·L^{-1} H$_2$SO$_4$,脲,5% NaOH,1% CuSO$_4$ 等。
3. 其他 刚果红试纸,红色石蕊试纸,蓝色石蕊试纸等。

四、实 验 内 容

1. 羧酸的性质
（1）酸性实验:取 5 滴甲酸、5 滴乙酸和 0.3g 草酸分别溶于 1mL 水中,得到三种酸的水溶液,然后,用干净的玻璃棒分别蘸取三种溶液在同一刚果红试纸上划线,比较各线条的颜色和深浅程度,排出三种酸的强弱顺序。

（2）成盐反应:称取 0.1g 苯甲酸晶体于试管中,加 0.5mL 水,振荡,再加入数滴 10% NaOH,边加边振荡,有什么现象? 然后慢慢滴加 10% HCl,边加边振荡,有什么现象? 加以解释。

（3）氧化反应:取二支试管分别加入 5 滴甲酸、5 滴乙酸,另取一支试管加入 0.1g 草酸溶于 0.5mL 水中,向三支试管中分别加入 0.5mL 稀硫酸(1:5)及 2 滴 0.5% KMnO$_4$ 溶液,加热至沸,有什么现象? 加以解释。

（4）受热反应:取三支带有导气管的试管,分别加入 1mL 甲酸、1mL 冰醋酸和 0.5g 草酸,导气管分别插入到三支各盛有 1mL 石灰水的试管中(导气管要插入石灰水中),加热样品,有什么现象? 加以解释。

（5）酯化反应:在干燥的小试管中加入 1mL 无水乙醇和 1mL 冰醋酸,加 5 滴浓 H$_2$SO$_4$,振荡均匀后,放入 60~70℃ 水浴中加热 10min,然后将试管浸入冷水中冷却,最后,向试管中加入 3mL 水,有什么现象? 嗅其气味。再加入 0.2gNaCl(s),观察酯层的体积有无变化。

2. 羧酸衍生物的性质

（1）酰氯和酸酐的性质

1）水解作用:取一支试管加入 1mL 蒸馏水,在再加入数滴乙酰氯,有什么现象? 反应平稳后,向溶液中滴加数滴 2% AgNO$_3$,有什么现象?

2）醇解作用:取一支干燥的小试管,加入 1mL 乙醇,再慢慢滴加 0.5mL 乙酰氯,同时用冷水冷却试管并不断振荡,反应结束后,加入 1mL 水,然后用 20% Na$_2$CO$_3$ 溶液中和反应液,使之呈中性,即有一层酯浮在液面上,如果没有酯层浮起,可在溶液中加入粉状的氯化钠至溶液饱和为止,观察现象并嗅其气味。

3）氨解作用:取一支试管加 5 滴苯胺和 5 滴乙酰氯,待反应结束后,加入 3mL 水,有什么现象?

用乙酸酐代替乙酰氯重复以上实验,注意,反应较乙酰氯慢,需要在热水浴中加热,较长时间才能完成上述反应。

（2）酯的水解:取三支试管各加入 1mL 乙酸乙酯和 1mL 水,然后在第一支试管中加入 2 滴稀硫酸(1:5),在第二支试管中加入 2 滴 40% NaOH,将三支试管同时放入 60~70℃ 水浴中加热,振荡试管,比较三支试管中酯层和气味消失的快慢,排出顺序。

（3）酰胺的水解

1）碱性水解:称取 0.1g 乙酰胺于试管中,加入 6mol·L^{-1}NaOH 溶液 1mL,振荡均匀,并用小火加热至沸,用润湿的红色石蕊试纸在管口检验所产生的气体。

2）酸性水解:称取 0.1g 乙酰胺于试管中,加入 3mol·L^{-1}H$_2$SO$_4$ 溶液 1mL,振荡均匀,并用小火加热至沸,用润湿的蓝色石蕊试纸在管口检验所产生的气体,放冷,并加入 6mol·L^{-1} NaOH 溶液至反应液呈碱性后,再加热,用润湿的红色石蕊试纸在管口检验所产生的气体。

3. 缩二脲反应 称取 0.2g 脲于干燥的试管中,加热至熔融,继续加热至凝固成固体,此即为缩二脲。放冷后,加入约 2mL 蒸馏水使固体溶解,再加 5% NaOH 溶液 3~5 滴和 1% CuSO$_4$ 溶液 2 滴,有什么现象?

4. 乙酰乙酸乙酯的反应

（1）与亚硫酸氢钠的加成反应:取一支试管,加入 5 滴纯净干燥的乙酰乙酸乙酯和 5 滴新配制的饱和 NaHSO₃溶液,放置 10min 后观察,有什么现象?

（2）与饱和溴水的反应:取一支试管,加入 5 滴纯净干燥的乙酰乙酸乙酯和 5 滴饱和溴水,振荡试管,有什么现象?

（3）与三氯化铁的反应:取一支试管,加入 5 滴纯净干燥的乙酰乙酸乙酯和 5 滴 1% $FeCl_3$溶液,振荡试管,有什么现象?

（4）酮式与烯醇式的互变异构:取一支试管,加入 5 滴纯净干燥的乙酰乙酸乙酯和 1mL 乙醇,混匀后,加 1 滴 1% $FeCl_3$ 溶液,振荡试管,有什么现象? 再加入溴水,振荡试管,有什么现象? 放置后再观察,又有什么现象? 加以解释。

五、注 意 事 项

1. 刚果红是一种指示剂,其变色范围 pH=5~3,颜色从红色到蓝色。

2. 在酯的水解反应实验中碱的存在有利于酯的水解。因为碱与酯水解产生的酸发生反应,破坏了平衡,使水解正向进行。酯在碱性溶液中的水解反应又叫皂化作用。

3. 乙酰乙酸乙酯的烯醇式结构在不同的溶剂中含量不同,在乙醇中约含 12 %。因乙酰乙酸乙酯分子结构中含有碳碳双键、烯醇式结构,所以可与溴水发生加成反应、与三氯化铁发生显色反应等。乙酰乙酸乙酯结构中含有羰基,所以,可与亚硫酸氢钠发生加成反应。

六、思 考 题

1. 总结羧酸及其衍生物的化学性质,如何鉴别羧酸、羧酸衍生物?

2. 在羧酸的受热反应实验中为什么要用石灰水? 且导气管要插入石灰水中?

第七章 微型有机化合物的合成和提取实验

实验十一 苯甲酸的合成

一、实验目的

1. 学习由高锰酸钾氧化甲苯制备苯甲酸的原理和方法。
2. 进一步熟悉回流、重结晶等操作技能。

二、实验原理

甲苯由高锰酸钾氧化后得苯甲酸钾,再酸化得苯甲酸。反应式如下

$$\text{C}_6\text{H}_5-\text{CH}_3 + 2\text{KMnO}_4 \longrightarrow \text{C}_6\text{H}_5-\text{COOK} + 2\text{KMnO}_2 + \text{KOH} + \text{H}_2\text{O}$$

$$\text{C}_6\text{H}_5-\text{COOK} + \text{HCl} \longrightarrow \text{C}_6\text{H}_5-\text{COOH} + \text{KCl}$$

三、仪器和药品

1. 仪器　10mL 圆底烧瓶,回流冷凝管,减压过滤装置,表面皿等。
2. 药品　甲苯,$KMnO_4$,浓 HCl,饱和亚硫酸氢钠溶液。
3. 其他　刚果红试纸等。

四、实验内容

1. 制备　量取 5mL(455mmol)甲苯,加入 100mL 圆底烧瓶中,再加 50mL 水,安装好回流冷凝管(图 7-1),用电磁加热搅拌器加热到微沸,然后在搅拌下从冷凝管上口分批加入 1.5mg(94.9mmol)$KMnO_4$,每加入一次需待反应缓和后再加下一批,最后用少量水将黏附在冷凝管内壁的 $KMnO_4$ 冲洗入烧瓶内。进行回流至甲苯层消失,回流液不再有明显油珠为止(约 60min)。

将反应液趁热减压过滤,并用少量热水洗涤 MnO_2 滤渣,合并滤液和洗涤液,此时,若溶液呈紫色,可以加入适量饱和 $NaHSO_3$ 溶液,使紫色褪去。冷却后,用 HCl 溶液(浓 HCl 或 25% HCl 溶液)酸化直到呈酸性(刚果红试纸变蓝,约需加浓 HCl 0.5mL)晶体析出为止。抽气过滤,用少量冷水洗涤晶体,

图 7-1　制备苯甲酸的装置图

抽干,将晶体置于表面皿上晾干,称重,计算产率,约为 55%~60%。

2. 纯化　将粗苯甲酸用水重结晶,纯苯甲酸为无色针状晶体,熔点 122.4℃。苯甲酸的红外光谱如图 7-2。

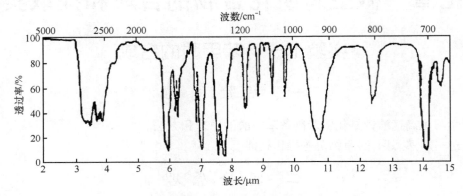

图 7-2　苯甲酸的红外光谱图

五、注意事项

1. 因为甲苯与 $KMnO_4$ 反应较为剧烈,所以每次加入 $KMnO_4$ 的量不宜太多。每次加入 $KMnO_4$ 后须等反应缓和后再加。

2. 如果滤液呈紫色,可加入少量亚硫酸氢钠使紫色褪去。

六、思考题

1. 在氧化反应中,影响苯甲酸产量的主要原因是什么?

2. 为什么高锰酸钾要分批加入?

3. 反应完毕后,若滤液呈紫色,为什么要加亚硫酸氢钠?

4. 指出苯甲酸的红外光谱中的特征吸收峰。

实验十二　乙酰水杨酸的合成

一、实验目的

掌握合成乙酰水杨酸的原理及操作方法。

二、实验原理

乙酰水杨酸即为阿司匹林、是一种有效的解热止痛、治疗感冒的药物。

乙酰水杨酸可由水杨酸(邻羟基苯甲酸)与乙酸酐反应得到,反应式如下

$$\text{(苯环)}\begin{array}{c}-COOH\\-OH\end{array} + (CH_3CO)_2O \longrightarrow \text{(苯环)}\begin{array}{c}-COOH\\-OCOCH_3\end{array} + CH_3COOH$$

　　水杨酸是一个双官能团化合物,它既是酚又是酸,能进行两种不同的酯化反应。在合成乙酰水杨酸时有少量的高聚物副产物生成,需要进行提纯才能得到纯品。在本实验中是利用乙酰水杨酸能与 $NaHCO_3$ 反应生成水溶性的钠盐,而高聚物不能溶于 $NaHCO_3$ 溶液来分离的。

三、仪器和药品

1. 仪器　10mL 锥形瓶,表面皿,台秤,烧杯,减压过滤装置等。
2. 药品　水杨酸,乙酸酐,浓 H_2SO_4,饱和 $NaHCO_3$,浓 HCl 等。

四、实验内容

　　1. 制备　称取 1g 水杨酸(0.75mol)放入 10mL 锥形瓶中,再量取 2.0mL 乙酸酐(0.20mol)加入到锥形瓶中,然后再加入 4 滴浓 H_2SO_4,轻轻摇动锥形瓶,使水杨酸全部溶解,在水浴(或在蒸气浴)上加热 20min,将溶液冷却,则有晶体析出,若无晶体析出,可用玻璃棒摩擦锥形瓶内壁,同时放入冰水浴中继续冷却,使乙酰水杨酸完全析出,抽滤,并用少量冷水洗涤晶体,将晶体置于表面皿上,在空气中晾干。

　　2. 提纯　将粗产品放入小烧杯中,边搅拌边加入 4mL 饱和 $NaHCO_3$,继续搅拌至无 CO_2 气泡产生为止,抽滤,用冷水洗涤不溶物,然后弃去不溶物。合并洗涤液和滤液,倾入预先盛有 2mL 浓 HCl 和 6mL 水的烧杯中,搅拌,即有乙酰水杨酸沉淀产生,在冰水浴中冷却至晶体完全析出,抽滤,结晶用冷水洗涤 2~3 次,抽去水分,将结晶移至表面皿上晾干,称重,产率约为 50.0%~60.0%。为了得到更纯的产品,可将此产品用苯作溶剂重结晶,也可用乙醚—石油醚重结晶。

　　3. 纯度检验
　　(1) 测定熔点(135~136℃)。
　　(2) 取少量结晶加入 1%$FeCl_3$ 溶液,观察有无颜色反应。
　　乙酰水杨酸的红外光谱如图 7-3,^{1}HNMR 图谱如图 7-4。

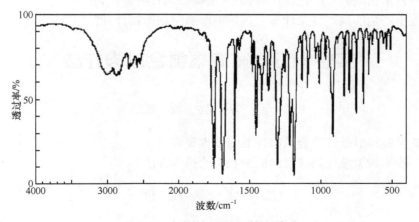

图 7-3　乙酰水杨酸的红外光谱图

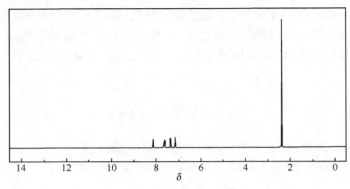

图 7-4　乙酰水杨酸的^{1}HNMR 图谱

五、注意事项

1. 反应温度不要过高,水浴加热保持瓶内温度在 70℃左右即可,否则,将增加副产物的量,如水杨酰水杨酸酯,乙酰水杨酰水杨酸酯。

2. 乙酰水杨酸也可以用苯为溶剂进行重结晶,但用水不合适,因为在热水中,即使没有酸碱存在,它也部分水解生成水杨酸和醋酸。

3. 为了检验产品中是否还有水杨酸,利用水杨酸属于酚类物质可与三氯化铁发生显色反应的特点,取几粒结晶用水溶解,然后加入几滴 1% $FeCl_3$ 溶液,观察有无显色反应(水杨酸与 $FeCl_3$ 溶液反应生成紫色物质)。

4. 产品乙酰水杨酸易受热分解,因此熔点不明显,它的分解温度为 128～125℃。用毛细管测熔点时宜先将浴液加热至 120℃左右,再放入样品管测定。

5. 水将消除未反应的乙酸酐,并使不溶于水的产物阿司匹林沉淀析出。

六、思考题

1. 制备乙酰水杨酸的容器为什么要干燥?
2. 在进行水杨酸的乙酰化反应时,加入浓硫酸的目的是什么?
3. 反应中产生的副产物是什么?如何将产品与副产物分开?

实验十三　微波辐射合成肉桂酸

一、实验目的

1. 了解微波辐射条件下合成肉桂酸的原理和方法。
2. 进一步掌握微波加热技术的原理和实验操作方法。

二、实验原理

本实验是在微波炉中进行常压反应,将反应物和溶剂放入常法所用的玻璃器皿中,装上常法装置,反应物和溶剂吸收微波能量后便升温。微波作用下反应体系能快速升温,并发生反应。

芳香醛和醋酸在碱催化作用下,生成 α,β-不饱和芳香醛,称 Perkin 反应,催化剂通常是相应酸酐的羧酸钾或钠盐,有时也可用碳酸钾或叔胺代替。

制备肉桂酸的反应方程式如下:

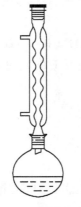

产品性状、外观、物理常数:白色片状结晶。
产率计算:理论产量:2.3g,实际:1.8g。
产率:1.8/2.3×100% = 79%。

三、仪器和药品

1. 仪器　10mL 圆底烧瓶,10mL 量筒,回流冷凝管,分液漏斗,10mL 锥形瓶,微型回馏装置,微波炉,显微熔点测定仪,烧杯,试管,水蒸气蒸馏装置,沸石等。
2. 药品　无水醋酸钾、醋酸酐、苯甲醛、10% 氢氧化钠、1:1 盐酸。
3. 其他　刚果红试纸等。

四、实 验 内 容

用 1mL 吸量管分别量取 0.3mL(3mmol)新蒸馏过的苯甲醛和 0.8mL 新蒸馏过的醋酸酐,并称取 0.42g 研碎的无水碳酸钾,加入到装上冷凝管的 5mL 圆底烧瓶中,见图 7-5,用 150~160℃的微波炉回流 20min。

反应结束,冷却反应物,再加入 2mL 水,并将瓶中的固体压碎,进行简易水蒸气蒸馏,除去未反应的苯甲醛,装置如图 7-6,主要试剂及产品的物理常数见表 7-1。当蒸出的液滴澄清无油滴时停止蒸馏,冷却。加入 2mL 10% 氢氧化钠使肉桂酸溶解,再加入 5mL 热水,抽滤,滤液冷却。在搅拌下加入体积比为 1:1 的盐酸至刚果红试纸变蓝,冷却,待结晶全部析出后,抽滤,并以少量的冷水洗涤沉淀,抽干后,粗产品在 80℃烘箱中烘干。产量约 0.16g,产率约 36%。粗产品可用 3:1 的水—乙醇重结晶。熔点文献值为 135~136℃。

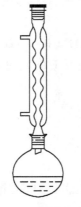

图 7-5　微型回流装置

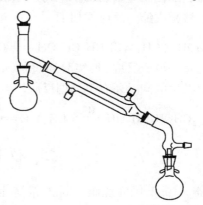

图 7-6　微型水蒸气蒸馏装置

表 7-1　主要试剂及产品的物理常数

表 7-1　主要试剂及产品的物理常数

名称	分子量	性状	折光率	比重	熔点/℃	沸点/℃	溶解度:g/100mL 溶剂		
							水	醇	醚
苯甲醛	106.1	液		1.04		176			
醋酸酐	102	液	1.39	1.08	−73	138	12	∞	∞

五、注 意 事 项

1. 无水醋酸钾需新鲜焙烧。水是极性物质能激烈吸收微波,影响反应吸收微波效率。
2. 反应进行到一定程度,可见有一黄色层在烧瓶内上层。

六、思 　考 　题

用无水醋酸钾作缩合剂,回流结束后加入固体碳酸钠,使溶液呈碱性,此时溶液中有哪几种化合物,各以什么形式存在?

实验十四　乙酸异戊酯的合成

一、实 验 目 的

1. 掌握利用酯化反应合成乙酸异戊酯的原理及方法。
2. 进一步熟练分液漏斗的使用。

二、实 验 原 理

乙酸异戊酯是一种良好的有机溶剂,它具有与香蕉相似的气味,故称香蕉油。乙酸异戊酯通常通过酯化反应来制备,本实验中采用了乙酸和异戊醇作为反应物,浓 H_2SO_4 作催化剂来制备乙酸异戊酯。反应式如下

$$CH_3COOH+(CH_3)_2CHCH_2CH_2OH \underset{}{\overset{H^+}{\rightleftharpoons}} CH_3COOCH_2CH_2CH(CH_3)_2+H_2O$$

该反应是一可逆反应,本实验通过加入过量的乙酸来使反应向右进行,以提高产率。在以上反应发生的同时还有下列副反应发生

$$(CH_3)_2CHCH_2CH_2OH \underset{}{\overset{H^+}{\rightleftharpoons}} (CH_3)_2C=CHCH_3+H_2O$$

三、仪器和药品

1. 仪器　10mL 圆底烧瓶, 10mL 量筒,回流冷凝管,分液漏斗,10mL 锥形瓶,微型蒸馏装置,酒精灯(或电炉),折光仪,台秤等。
2. 药品　乙酸,异戊醇,浓 H_2SO_4, 5%NaHCO$_3$, 饱和 NaCl,无水 MgSO$_4$ 等。
3. 其他　红色石蕊试纸,沸石等。

四、实 验 内 容

1. 合成　将 3.0mL(0.05mol) 冰醋酸和 2.5mL 异戊醇(0.024mol) 放入 10mL 圆底烧瓶中,摇匀,摇荡下慢慢加入 0.5mL 浓 H_2SO_4,混匀后,加几粒沸石,安装好回流冷凝管,通入冷凝水,加热回流 40min。

2. 提纯　除去热源,待反应液冷至室温后,转入分液漏斗中,加入 3mL 冷水,另取 2mL 冷水淋洗反应瓶,并将淋洗液倾入分液漏斗中,振荡均匀后静置,分出下层水溶液,酯层用 5%NaHCO₃溶液洗涤,每次加 1mL 洗涤至下层水溶液呈碱性为止(可用石蕊试纸检查),再用 1mL 饱和 NaCl 溶液洗涤一次,然后将酯转入干燥的锥形瓶,用 0.3g 无水 $MgSO_4$ 或无水 Na_2SO_4 干燥。然后转入 10mL 圆底烧瓶中进行蒸馏,收集 137~143℃的馏分。(产率 51.0%~60.0%)

3. 产品纯度检验　测定产品的折光率。纯乙酸异戊酯的 b.p 是 142.5℃,$n_D^{20}=1.4003$。

图 7-7 和图 7-8 分别为乙酸异戊酯的红外光谱图和 ¹HNMR 图谱。

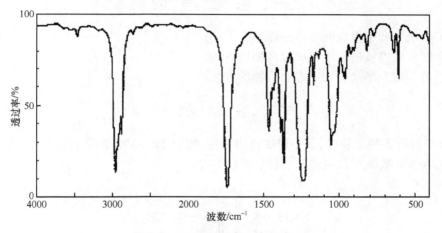

图 7-7　乙酸异戊酯红外光谱图

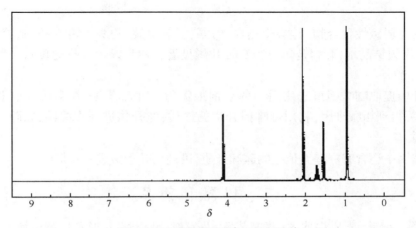

图 7-8　乙酸异戊酯的 ¹HNMR 图谱

五、注　意　事　项

1. 蒸馏仪器必须预先干燥。

2. 用无水 $MgSO_4$ 或无水 Na_2SO_4 干燥时,若液体仍混浊,说明无水 $MgSO_4$ 或无水 Na_2SO_4 加入量不足,可再添加少许无水 $MgSO_4$ 或无水 Na_2SO_4,直至液体透明为止。

六、思　考　题

1. 酯化反应是可逆反应,为了提高酯的产率,在本实验中采用了什么方法?

2. 为什么从反应混合物中除去未反应的乙酸比除去未反应的异戊醇容易些?

实验十五　茶叶中咖啡因的提取

一、实　验　目　的

1. 了解从茶叶中提取咖啡因的原理及方法。

2. 掌握索氏提取器的工作原理及使用方法。

3. 学习利用升华法提纯固态有机物的方法。

二、实　验　原　理

茶叶中含有多种生物碱,其中以咖啡因为主,约占 $1\% \sim 5\%$,咖啡为嘌呤生物碱,化学名称为 1,3,7-三甲基-2,6-二氧嘌呤,其结构式为

咖啡因是弱碱性化合物,易溶于热水、丙酮、三氯甲烷、乙醇等溶剂中,微溶于石油醚,在 100℃ 时失去结晶水,开始升华,120℃ 时升华显著,178℃ 以上升华速度快。无水咖啡因的熔点为 238℃。

从茶叶中提取咖啡因可选用适当的溶剂如氯仿、乙醇、苯等,在索氏提取器中连续萃取,浓缩后可得到粗咖啡因,利用咖啡因升华的性质,经升华进一步提纯,以除去其他的生物碱和杂质。

粗咖啡因中还含有一些其他生物碱和杂质,可利用升华法进一步提纯。

三、仪 器 和 药 品

1. 仪器　研钵,索氏提取器,蒸馏装置,蒸发皿,酒精灯,b 形管法测定熔点的装置,玻璃漏斗,微量升华管等。

2. 药品　95%乙醇,CaO(s),茶叶等。

四、实 验 内 容

称取茶叶 2g,研细,用滤纸包好,放入索氏提取器的抽提筒中,在烧瓶中加入 25mL 95% 乙醇,再加几粒沸石,水浴加热,至萃取液无色为止,停止加热,冷却,改成蒸馏装置,水浴加热回收馏出液。将圆底烧瓶中的溶液倾入蒸发皿中,拌入 3g 研细的 CaO,在蒸气浴上蒸干,期间应不断搅拌,并将块状物压碎,然后将蒸发皿放在石棉网上,用小火焙炒片刻,除去全部水分,冷却,擦去粘在边上的粉末。

将口径合适的玻璃漏斗罩在放有刺有许多小孔的滤纸的蒸发皿上,漏斗颈部疏松地塞一小团棉花,在石棉网上或在沙浴上小心加热蒸发皿,当滤纸上出现白色针状结晶时,暂停加热,冷至100℃左右揭开漏斗和滤纸,用小刀仔细地将附着于滤纸及漏斗上的咖啡因刮下。残渣经拌和后,用较大的火焰再加热升华一次。合并两次升华所收集的咖啡因于表面皿上,测定熔点。如产品仍有杂质,可用少量热水重结晶提纯或放入微量升华管中,再次升华,见图 7-9。咖啡因的红外光谱如图 7-10。

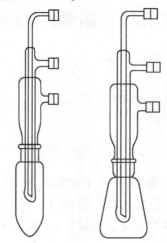

图 7-9　升华装置

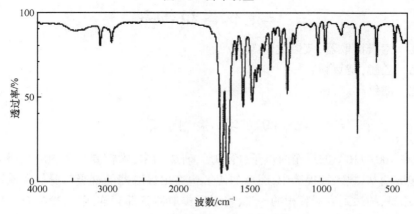

图 7-10　咖啡因的红外光谱

五、注 意 事 项

1. 茶叶的质量、品种不同,咖啡因的含量也不同。

2. 水浴温度不宜过高。

3. 提取液颜色很淡时，即可停止抽提。

4. 烧瓶中乙醇不可蒸得太干，否则残液很黏，不易转移完全，损失较大。

5. 在萃取回流充分的情况下，升华操作是实验成败的关键。升华过程中，要用小火间接加热。若温度太高，会使产物发黄。同时注意温度计应放在合适的位置，使之准确反映出升华的温度。

6. 蒸发皿上盖一刺有小孔的滤纸目的是避免已升华的咖啡因落入蒸发皿中，纸上的小孔使蒸气通过。漏斗颈塞棉花是为防止咖啡因蒸气溢出。

六、思 考 题

1. 向溶液中加入 CaO 起什么作用？
2. 升华时为什么要在滤纸上刺许多小孔？

实验十六　粗脂肪的提取

一、实 验 目 的

1. 学习从大豆中提取粗脂肪的原理及方法。
2. 进一步熟悉索氏提取器的使用。

二、实 验 原 理

粗脂肪是由多种物质组成的混合物，其中种类繁多，易溶于乙醚、汽油、石油醚及二硫化碳等脂溶性有机溶剂中。本实验以乙醚作溶剂，以黄豆粉为原料，利用索氏提取器从黄豆粉中提取粗脂肪。将黄豆粉用乙醚反复浸提后，全部粗脂肪溶于溶剂乙醚中，然后再通过蒸馏的方法将粗脂肪和乙醚分开。

三、仪 器 和 药 品

1. 仪器　索氏提取器，蒸馏装置等。
2. 药品　乙醚，黄豆粉。
3. 其他　滤纸等。

四、实 验 内 容

将黄豆在 100~110℃的烘箱内烘干，冷却后，研成粉末，颗粒要小于 50 目。称取 1g 黄豆粉，用滤纸包成筒状，放入抽提筒中，注意勿使纸包高出提取器的虹吸部分。在索氏提取器的烧瓶中加入乙醚，约达到容器容积的一半，将索氏提取器各部分连接好，冷凝管上口接一乳胶管通入下水道，以避免加热过程中有少量乙醚从上口逸出，见图 6-11。通入冷凝水，水浴加热（水浴温度在 45~50℃，切勿明火加热），进行抽提。连续萃取至提取液接近无色为止。

提取结束后，先停止加热，待乙醚冷却后，卸下提取器，取出纸包，将提取液水浴加热（水浴温度在 45~50℃）蒸馏，接收所有馏出液（乙醚回收）。将所得黄色黏稠液称量，计算黄豆中粗脂肪的百分含量。

五、注　意　事　项

1. 乙醚易燃,沸点 34.5℃,乙醚蒸气与空气混合后,其爆炸极限为 1.85% ~ 36.5%(体积),因此,进行本实验时一定要注意防火。

2. 为提高冷却效果应适当加大冷凝水的流量,以避免或减少乙醚的挥发。

3. 水浴温度不宜太高,一般维持在 45~50℃ 较为合适。

4. 抽提完毕后,应待提取液冷至室温时再停止冷凝水、拆卸装置。

六、思　考　题

1. 抽提时为什么不能用火焰直接加热?

2. 简述索氏提取器的工作原理。它和在分液漏斗中进行萃取相比有什么优点?

实验十七　黄连素的提取

一、实　验　目　的

1. 学习从中草药提取生物碱的原理和方法。

2. 熟悉固液提取的装置及方法。

二、实　验　原　理

黄连为我国特产药材之一,又有很强的抗菌力,对急性结膜炎、口疮、急性细菌性痢疾、急性肠胃炎等均有很好的疗效。黄连中含有多种生物碱,以黄连素(俗称小檗碱 Berberine)为主要有效成分,随野生和栽培及产地的不同,黄连中黄连素的含量约 4% ~ 10% 。含黄连素的植物很多,如黄柏、三颗针、伏牛花、白屈菜、南天竹等均可作为提取黄连素的原料,但以黄连和黄柏中的含量为高。

黄连素是黄色针状体,微溶于水和乙醇,较易溶于热水和热乙醇中,几乎不溶于乙醚,黄连素存在三种互变异构体,但自然界多以季铵碱的形式存在。黄连素的盐酸盐、氢碘酸盐、硫酸盐、硝酸盐均难溶于冷水,易溶于热水,其各种盐的纯化都比较容易。

(醇式)　　　　　(醛式)　　　　　(季铵碱式)

产品性状、外观、物理常数:黄色针晶。

产率计算:产率 = $\dfrac{实际}{理论}$ × 100%。

三、仪器和药品

1. 仪器　10mL 圆底烧瓶,10mL 量筒,回流冷凝管,分液漏斗,5mL 锥形瓶,微型蒸馏装置,酒精灯(或电炉),折光仪,台秤,温度计,研钵,表面皿,显微熔点测定仪,烧杯,试管,保温漏斗,减压过滤装置,沸石等。

2. 药品　黄连 2~3g、95% 乙醇 10~15mL、浓盐酸、1% 乙酸溶液等。

图 7-11　用微型蒸馏头进行固液萃取

四、实验内容

称取 1g 中药黄连切成细小碎片后,小心地从微型蒸馏头的馏液出口放入到蒸馏头中馏液的承接阱处,并同时加入约 1.5mL 95% 乙醇浸泡。然后将蒸馏头插入装有 4mL 95% 乙醇的 10mL 烧瓶上,蒸馏头上颈再加一冷凝管(装置见图 7-11)。热水浴加热回流约 1h,进行反复回流提取。最后蒸出乙醇,得棕红色糖浆状物。再加入 1% 乙酸 3mL,加热溶解,抽滤除去不溶物。于滤液中逐滴加入浓盐酸,至溶液浑浊为止(约 1mL),冰水浴冷却,即有黄色针状体的黄连素盐酸盐析出,抽滤,结晶用冰水洗涤二次,再用丙酮洗涤一次,干燥,烘干后称量约 35mg。

五、注意事项

1. 本实验也可用 Soxhlet 提取器连续提取。

2. 得到纯净的黄连素晶体比较困难。将黄连素盐酸盐加热水至刚好溶解,煮沸,用石灰乳调节 pH = 8.5~9.8,冷却后滤去杂质,滤液继续冷却到室温以下,即有针状体的黄连素析出,抽滤,将结晶在 50~60℃下干燥,熔点 145℃。

六、思考题

1. 黄连素为何种生物碱类的化合物?

2. 为何要用石灰乳来调节 pH,用强碱氢氧化钾(钠)行不行? 为什么?

第四部分

微型分析化学实验

第八章 分析化学实验的基本操作技术

实验一 分析天平称量练习

一、实 验 目 的

1. 了解全机械码电光分析天平的结构。
2. 学会正确使用全机械加码电光分析天平、电子天平。
3. 掌握直接称量法、固定质量称量法和递减称量法。

二、仪器和药品

托盘天平,全机械加码电光分析天平,电子天平,表面皿,称量瓶,纸条,烧杯等。

三、实 验 内 容

称量练习时,由于固定质量称量法费时较多,应用较少,所以此处仅练习直接法和递减法。

1. 直接称量法练习 在全机械加码电光分析天平或电子天平上用此法称出表面皿、空称量瓶和自己的钢笔(或圆珠笔)的准确质量,将称量结果记录于表 8-1 中。

表 8-1 直接法称量练习结果记录

	表面皿的质量(g)	空称量瓶的质量(g)	钢笔或圆珠笔的质量(g)
托盘天平称得值			
分析天平称得值			

2. 递减称量法练习 在全机械加码电光分析天平或电子天平上用此法称出 3 份样品,每份 0.5±0.05g,将称量结果记录于表 8-2 中。

表 8-2 递减法称量练习结果记录

编号	1	2
称量瓶+试样的质量(倒出前)/g	$m_0=$	$m_1=$
称量瓶+试样的质量(倒出后)/g	$m_1=$	$m_2=$
称出试样的质量/g	$m_0-m_1=$	$m_1-m_2=$
烧杯+称出试样的质量/g	$m_{11}=$	$m_{21}=$
空烧杯的质量/g	$m_{01}=$	$m_{02}=$
称出试样质量/g	$m_{11}-m_{01}=$	$m_{21}-m_{02}=$
|偏差|/g		

四、思 考 题

1. 分析天平的灵敏度与感量(分度值)有什么关系?

2. 什么情况下用直接称量法？什么情况下用减量称量法？

3. 使用分析天平时为什么强调开、关天平旋钮时动作要轻？为什么必须先关天平,方可取放称量样品和加减砝码,否则会引起什么后果？

4. 用减量法称取试样,若称量瓶内的试样吸湿,将对称量结果造成什么误差？若试样倾倒烧杯内以后再吸湿,对称量是否有影响？

附　分析天平使用介绍

分析天平是定量分析实验中使用率最高的基本设备之一,属精密贵重的仪器,通常要求能准确称量至 0.0001g,其最大载量一般为 100~200g。为了能得到准确的称量结果,必须在开始定量分析实验前了解它的构造,性能和使用方法。

一般的分析天平是根据杠杆原理进行称量的,在等臂天平梁的两边分别放置两个天平盘,一个盘放置被称量物,另一盘放砝码,当两边力矩相等时天平达到平衡。此时,即被称物的质量和砝码质量相等,这就是天平称量的基本原理。分析天平的种类很多,下面介绍几种常用的分析天平。

分析天平按其构造原理一般可分为杠杆式机械天平和电子天平两大类,常用的机械天平又可分为等臂双盘天平[包括半自动电光天平(图 8-1A)和全自动电光天平图(8-1B)]和不等臂单盘天平。

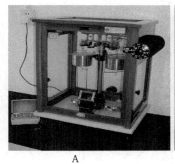

图 8-1　分析天平

A. 半自动电光天平;B. 全自动电光天平;C. 电子天平

目前国内使用最为广泛的是全自动电光天平,电子天平(图 8-1C)是近年发展起来的先进天平,本书只作简单介绍。

1. 全自动电光天平

(1) 结构:全自动电光天平的构造如图 8-2 所示。

1) 天平横梁:是天平的主要部件。多用质轻坚固、膨胀系数小的铝铜合金制成,起平衡和承载物体的作用。梁上装有三个棱形的玛瑙刀,其中一个装在正中的称为支点刀,刀口向上;另外两个与支点刀等距离的分别安装在梁的两端,称为承重刀,刀口向上。三个刀口必须完全平行且位于同一水平面上。玛瑙刀口的锋刃锋利程度决定分析天平的灵敏度,直接影响称量的精密度,因而使用时保护刀口是十分重要的。天平不用时,通过升降枢可托住天平梁,使玛瑙刀口与玛瑙平板脱开,以保护玛瑙刀口免受磨损。

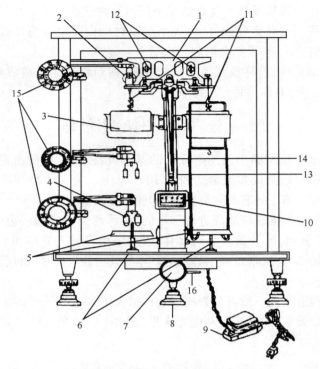

图 8-2 TG-328A 型全机械加码电光天平

1. 天平梁；2. 圆形毫克砝码；3. 阻尼器；4. 环形克砝码；5. 天平盘；6. 盘托；7. 升降枢纽；8. 垫脚；9. 变压器；
10. 投影屏；11. 吊耳；12. 平衡螺丝；13. 立柱；14. 指针；15. 指数盘；16. 调零拉杆

天平梁的两边装有两个平衡调节螺丝，用来调整梁的平衡位置（即零点）。梁的中间装有垂直向下的指针，用以指示天平的平衡位置。支点刀后上方装有重心螺丝，用来调节天平的灵敏度。

2）立柱与水平泡：立柱是金属做的中空金属圆柱，下端固定在天平底座中央，支撑着天平梁。在支柱上装有水平泡，借螺旋垫脚调节天平放置水平。

3）悬挂系统：在横梁两端的承重刀上各悬挂一个吊耳。吊耳的上钩挂有天平盘。吊耳的下钩挂有空气阻尼器，它是由两个特制的金属圆筒构成，外筒固定在支柱上，内筒比外筒略小，两筒间隙均匀，没有摩擦。当梁摆动时，左右阻尼器的内筒也随之上下移动，使筒内外的空气压力一致，便产生抵制膨胀和压缩的力。这样利用筒内空气的阻力使之很快停摆达到平衡，以加快称量速度。

4）机械加码装置：通过转动指数盘加减环形码（亦称圈码）。圈码分别挂在码钩上。称量时，转动指数盘旋钮将砝码加到承受架上。圈码的质量可以直接在砝码指数盘上读出。天平的机械加码装置在天平的左侧，有三个加码指数盘，可分别将 10～190g、1～9g 及 10～990mg 质量范围内的环码加到天平梁上，所有质量可从加码指数盘上直接读出。

5）光学读数系统：光学读数装置的光路如图 8-3 所示，光源发出的光线经聚光后，照射到天平指针下端的刻度标尺上，再经过放大，由反射镜反射到投影屏上，由于指针的偏移程度被放大在投影屏上，所以能准确读出 10 毫克以下的重量。标尺的刻度从 0 到 10 mg 分为十大格，每一大格，又分 10 小格，故每一小格 0.1mg。称量达到平衡状态时，投影屏上的标线必定与刻度尺的某一刻度线重合,此位置称为"停点",读数为 *. * mg。所以从投影屏可以确定物体质量小数点后的第三、四位。

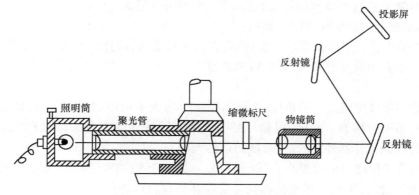

图 8-3　电光天平光学读数装置光路图

6）天平升降枢纽:使用天平时反时针转动升降枢,天平梁微微下降,刀口和刀承互相接触,天平开始摆动,称为"启动"天平。此时,如果天平受到振动或碰撞,刀口特别容易损坏。"休止"天平时,顺时针转动升降枢,把天平梁托住,此时,刀口和刀承间有小缝隙,不再接触,可以避免磨损。为了减少刀口和刀承的磨损,切不可触动未休止的天平。无论启动或休止天平均应轻轻地、缓缓地转动升降枢,以保护天平。

7）天平箱:为了保护天平,防止灰尘,湿气或有害气体的侵入,并使称量时减少外界的影响,如温度变化、空气流动和人的呼吸等,分析天平都安装在镶有玻璃的天平箱内。天平箱的前面有一个可以向上开启的门,供装配、调整和修理天平时用,称量时不准打开。两侧各有一个玻璃门,供取、放称量物和砝码用,但是在读取天平的零点,停点时,两侧推门必须关好。

天平箱下装有三只脚、脚下有脚垫。后面一只固定不动,前面两只装有可以调节高低的升降螺丝,用它来调节天平的水平位置。

电光分析天平一般可称量至 0.1mg,最大载荷为 100g 或 200g。

（2）使用方法:天平室要保持干燥清洁。进入天平室后,坐在自己需用的天平前,按下述方法进行操作:

1）取下防尘罩,折好后放在天平箱上。

2）天平外观检查。检查项目包括:天平是否处于水平状态,各部件位置是否正确,两盘是否洁净,圈码盘是否都在"0"位置。

3）零点调节。接通电源,开启升降枢纽,此时可见标尺的投影在移动,当标尺静止后,如果屏幕中央的标线与标尺上的"0"线不重合,可拨动调零杆,移动屏幕位置,是屏中标线恰好与标尺的"0"线重合,即为调好零点(平衡螺丝的调节一般在教师指导下进行)。

4）称量。先将被称物放在天平盘中心,根据粗称的数据在天平的另一侧放上相应的砝码,关闭两边天平门。转动圈码指数盘,按"从大到小,折半减少"的原则,通过标尺移动的方向判断加减砝码(标尺向重侧方移动),直至标尺数显示在屏幕上(每次加减砝码都应关闭天平;在试加砝码时,不要将天平完全开启,辨清两盘轻重后,随即关闭天平)。

5）读数。等投影标尺停稳后即可读取称量值。被称量物质量=砝码总质量(圈码+标尺读数)。

6）关闭天平。记录数据后，随即关闭天平，将砝码复位(同时核对称量数值)，取出被称物，关闭两侧天平门，切断电源，罩上防尘罩，在使用登记本上登记。

（3）称量过程中必须注意以下事项：

1）称量前先将天平防护罩取下叠好，放在天平箱上面，检查天平是否处于水平状态，盘上有无污垢，如有用软毛刷拭去，并检查和调整天平的零点(空盘时天平的平衡点)，检查砝码是否少。

2）不能称量过冷或过热的物体，被称物温度应与天平箱内的温度一致，试样应盛在洁净的器皿中，必要时须加盖密闭，以防样品吸湿或腐蚀性气体的逸出。取放称量器皿时要用纸条，要始终保证容器外部的洁净，以防玷污天平。

3）开启升降枢纽时应缓慢小心，轻开轻关。取放物体、加减砝码时，都必须把天平梁托起(即关闭天平，使天平处于休止状态)，以免损坏玛瑙刀口。

4）天平载重不能超过最大称量值，称量前要先粗称。

5）取放砝码必须用镊子夹取，严禁用手拿。加减砝码的原则一般是"由大到小，折半减少"，砝码应放在秤盘的中央处。电光天平自动加减砝码时要轻缓，不要过快转动环码指数盘，避免环跳落或变位。

6）称量的数据及时写在记录本上，不得记在纸片或其他地方。

7）称量完毕后，托起天平，取出被称物和砝码。将环码指数盘拨回零位，切断电源，最后罩上防护罩。

2. 电子天平　电子天平是最新一代的天平，是根据电磁力平衡原理，直接称量，全量程不需砝码。放上称量物后，在几秒钟内即达到平衡，显示读数，称量速度快，精度高。电子天平的支撑点用弹性簧片，取代机械天平的玛瑙刀口，用差动变压器取代升降枢装置，用数字显示代替指针刻度式。因而，电子天平具有使用寿命长、性能稳定、操作简便和灵敏度高的特点。此外，电子天平还具有自动校正、自动去皮、超载指示、故障报警等功能以及具有质量电信号输出功能，且可与打印机、计算机联用，进一步扩展其功能，如统计称量的最大值、最小值、平均值及标准偏差等。由于电子天平具有机械天平无法比拟的优点，尽管其价格较贵，但也会越来越广泛地应用于各个领域并逐步取代机械天平，如图8-4。

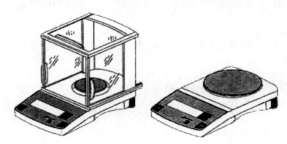

图 8-4　常见的电子天平

电子天平按结构可分为上皿式和下皿式两种。称盘在支架上面为上皿式，称盘吊挂在支架下面为下皿式。目前，广泛使用的是上皿式电子天平。尽管电子天平种类繁多，但其使用方法大同小异，具体操作可参看各仪器的使用说明书。下面以上海天平仪器厂生产的FA1604型电子天平为例，简要介绍电子天平的使用方法。

（1）水平调节：观察水平仪，如水平仪水泡偏移，需调整水平调节脚，使水泡位于水平仪中心。

（2）预热：接通电源，预热至规定时间后，开启显示器进行操作。

（3）开启显示器：轻按 ON 键，显示器全亮，约 2 s 后，显示天平的型号，然后是称量模式

0.0000 g。读数时应关上天平门。

（4）天平基本模式的选定：天平通常为"通常情况"模式，并具有断电记忆功能。使用时若改为其他模式，使用后一经按 OFF 键，天平即恢复通常情况模式。称量单位的设置等可按说明书进行操作。

（5）校准：天平安装后，第一次使用前，应对天平进行校准。因存放时间较长、位置移动、环境变化或未获得精确测量，天平在使用前一般都应进行校准操作。本天平采用外校准（有的电子天平具有内校准功能），由 TAR 键清零及 CAL 减、100g 校准砝码完成。

（6）称量：按 TAR 键，显示为零后，置称量物于秤盘上，待数字稳定即显示器左下角的"0"标志消失后，即可读出称量物的质量值。

（7）去皮称量：按 TAR 键清零，置容器于秤盘上，天平显示容器质量，再按 TAR 键，显示零，即去除皮重。再置称量物于容器中，或将称量物（粉末状物或液体）逐步加入容器中直至达到所需质量，待显示器左下角"0"消失，这时显示的是称量物的净质量。将秤盘上的所有物品拿开后，天平显示负值，按 TAR 键，天平显示 0.0000 g。若称量过程中秤盘上的总质量超过最大载荷（FA1604 型电子天平为 160g）时，天平仅显示上部线段，此时应立即减小载荷。

（8）结束称量：称量结束后，若较短时间内还使用天平（或其他人还使用天平）一般不用按 OFF 键关闭显示器。实验全部结束后，关闭显示器，切断电源，若短时间内（例如2 h内）还使用天平，可不必切断电源，再用时可省去预热时间。若当天不再使用天平，应拔下电源插头。

3. 天平的计量性能　分析天平的计量性能指标主要包括灵敏度、示值变动性和不等臂性等。

（1）灵敏度（E）：天平的灵敏度是指在天平一个盘中增加单位质量（1mg）时，天平指针的偏移程度，常以分度/毫克表示。显然偏移程度愈大，天平愈灵敏。也有用天平感量（S）来表示天平灵敏度的，即天平指针移动一个分度相当的质量数，也称分度值。它与 E 的关系为 $S = 1/E$（mg/分度）影响天平灵敏度的因素很多，首先是天平三个玛瑙刀口的锐利程度；其次天平梁的重量 W，梁的重心位置，天平臂的长度 L，以及天平的负载状态都影响到天平的灵敏度。天平臂愈长，天平梁愈轻，其重心愈高则天平愈灵敏。在天平一定的条件下，可通过调节重心螺母位置，改变天平灵敏度。但应注意，过高的调节重心，会引起天平臂摆动难以静止，反而降低了天平的稳定性。一般常量电光天平的灵敏度应为 10 分度/毫克，或分度值 $S = 0.1$ 毫克/分度即可。

（2）示值变动性：天平在相同情况下，多次称量同一物体，所得称量结果的不一致程度称为天平的示值变动性。天平载重时所处的平衡位置称为平衡点（或停点），检查天平变动性的方法如下：调好天平零点后，在天平盘上各加 20g 码，开启天平，读取停点。关闭天平，取下砝码再测其空载零点。关闭天平，然后再把 20g 砝码按原位加上，再测停点。如此反复几次，若零点及停点的最大变动不超过 ±0.1mg，即为合格。若超过 0.1mg，须找出原因，进行调整。由于天平本身结构和测量时环境条件变动的影响，天平示值变动性总是存在的。我们只能要求天平的示值变动性应小于该天平的感量，这样才能实现准确的称量。

（3）不等臂性误差：双盘电光天平的支点刀与两个承重刀之间的距离，不可能完全相等，总有一点差异，由此引起的称量误差称为不等臂性误差。其检验方法如下：调好天平零点后，将两个相同的 20g 砝码分别放在天平的两个称量盘上，开启天平，读取停点 l_1。关闭

天平,然后将两砝码互换位置,开启天平,再读取停点 l_2。计算不等臂性误差(Y)的最简单的公式是:$Y=|\,l_1+l_2\,|/2$ 确定 Y 小于 0.4mg,即为合格。否则应请专门人员进行修理。在实际工作中,如果使用同一台天平进行称量,则天平的不等臂性误差可以消除。

4. 分析天平的称量方法 分析天平的称量方法一般有直接称量法,固定质量称量法和递减称量法三种。

(1) 直接称量法(又称直接法):该法一般用于称量某一不吸水、在空气中性质稳定的固体(如坩埚、金属、矿石等)准确质量。称量时,将被称量物直接放入分析天平中,称出其准确质量。

(2) 固定质量称量法:该法一般用于称取某一固定质量的试样(一般为液体或固体的极细粉末,且不吸水,在空气中性质稳定)。称量时先在分析天平上称出干净且干燥的器皿(一般为烧杯、坩埚、表面皿等)的准确质量,再将分析天平增加固定质量的砝码后,往天平的器皿中加入略少于固定质量的试样,再轻轻震动药匙使试样慢慢撒入器皿中,直至其达应称质量的平衡点为止。

图 8-5　取样方法

(3) 递减称量法(又称差减法):该法多用于称取易吸水、易氧化或易与 CO_2 反应的物质。要求称取物的质量不是一个固定质量,而只要符合一定的质量范围既可。称量时首先在托盘天平上称出称量瓶的质量,在将适量的试样装入称量瓶中在托盘天平上称出其质量,然后放入分析天平中称出其准确质量 m_1。取出称量瓶,移至小烧杯或锥形瓶上方,将称量瓶倾斜,用称量瓶盖轻敲瓶口上部,使试样慢慢落入容器中(图 8-5)。当倾出的试样已接近所需要的质量时,慢慢地将瓶竖起,再用称量瓶盖轻敲瓶口上部,使沾在瓶口的试样落在称量瓶中,然后盖好瓶盖将称量瓶放回天平盘上,称出其质量。如果这时倾出的试样质量不足,则继续按上法倾出,直至合适为止,称得其质量 m_2,如此继续进行,可称取多份试样。两次质量之差即为倾出的试样质量。

第一份试样质量$=m_1-m_2$

第二份试样质量$=m_2-m_3$

……

注意:

(1) 不管是用哪一种称量方法,都不许用手直接拿称量瓶或试样,可用一干净纸条或塑料薄膜等套住拿取,取放称量瓶瓶盖也要用小纸片垫着拿取(图 8-6)。

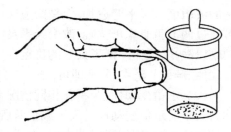
图 8-6　称量瓶使用方法

(2) 每次称量时,一般将被称量物先在托盘天平上称出其约略质量再移到分析天平上精确称量。这样既可节省称量时间,又不易损坏天平。

5. 分析天平使用规则 分析天平是很精密和贵重的仪器,必须非常小心使用,才能保证天平的灵敏度和准确度不至于降低。为了使天平不受损坏,使称量结果准确,在使用天平时必须严格遵守下列规则:

(1) 天平应放在适宜地点,远离化学实验室,以免受腐蚀性气体损害,最好另辟天平室。天平室应保持干燥,光线充足而不直射,温度变化不宜太大。天平台应坚固抗震,不要在靠近门窗和暖气处放置天平。天平一经调好,不得任意挪动位置。

(2) 天平箱内应十分清洁,放有干燥剂(如硅胶),并要定期更换,以保持天平箱内干燥。

(3) 绝对不可使天平负载的质量超过限度。绝不把过热或过冷的物体放在天平盘上。称量物的温度必须与天平温度相同。湿的和具有挥发腐蚀性气体的物体应放在密闭容器中,才能称量。

(4) 打开升降枢时应缓慢小心,并注意光幕上标尺移动情况,如超过 10 mg 刻线时,应迅速关上升降枢,避免因天平梁猛烈倾斜而引起天平磨损。

(5) 不需要看光幕时,升降枢应始终关闭,无论把物体或砝码放在盘上或取下来时,一定要预先关上升降枢。

(6) 砝码必须用镊子夹取,除了砝码盒与天平盘外,不应放在任何其他地方。砝码应放在盒内固定位置上。取放砝码后应随手关上砝码盒。砝码盒内应保持十分清洁。

(7) 加减圈码时要轻缓,不要过快转动加圈码指数盘,致使圈码跳落或变位。

(8) 所有称量结果必须即刻正确地记录在记录本上。

(9) 称量完毕后,一定要检查天平是否一切复原,是否清洁。称量者应负责维护。

(10) 如发现天平有毛病时,不要自己修理,立即告知教师。因分析天平是一种精密仪器,初学者随便调节,可能引起更大的损坏。

实验二　滴定分析基本操作练习

一、实验目的

1. 掌握 NaOH、HCl 标准溶液的配制、保存方法。
2. 通过练习滴定操作,初步掌握滴定操作和用甲基橙、酚酞指示剂确定终点的方法。

二、实验原理

1. NaOH 和 HCl 标准溶液的配制时,由于 NaOH 固体易吸收空气中的 CO_2 和水分,浓盐酸易挥发,故只能选用标定法(间接法)来配制,即先配成近似浓度的溶液,再用基准物质或已知准确浓度的标准溶液标定其准确浓度。其浓度一般在 $0.01 \sim 1 mol \cdot L^{-1}$ 之间,通常配制 $0.1 mol \cdot L^{-1}$ 的溶液。

2. 在 $HCl(0.1 \, mol \cdot L^{-1})$ 溶液与 $NaOH(0.1 \, mol \cdot L^{-1})$ 溶液进行相互滴定的过程中,若用同一种指示剂指示终点,不断改变被滴定溶液的体积,则滴定剂的用量也随之变化,但它们相互反应的体积之比应基本不变。因此在不知道 HCl 和 NaOH 溶液准确浓度的情况下,通过计算 V_{HCl}/V_{NaOH} 体积比的精确度,可以检查实验者对滴定操作技术和判断终点掌握的情况。

三、仪器和药品

1. 仪器　台秤,3.000mL 微型滴定管,2.00mL 移液管,50mL 锥形瓶,50mL 小烧杯。

2. 药品 浓 HCl,固体 NaOH,0.1% 甲基红水溶液,0.2% 酚酞乙醇溶液。

四、实 验 步 骤

1. 0.1mol·L^{-1}HCl 和 0.1mol·L^{-1}NaOH 标准溶液的配制

(1) 0.1mol·L^{-1} HCl 50mL:用 2mL 的洁净移液管量取约多少 mL 浓 HCl(因为浓盐酸易挥发,实际浓度小于 12 mol·L,故应量取稍多于计算量的 HCl)倒入盛有 40mL 水的试剂瓶中,加蒸馏水至 50mL,盖上玻璃塞,充分摇匀。贴好标签。

(2) 0.1mol·L^{-1} NaOH50mL:用台秤迅速称取约 5g NaOH 于 50mL 小烧杯中,加约 10mL 无 CO$_2$ 的去离子水溶解,然后转移至试剂瓶中,用去离子水稀释至 50mL,摇匀后,用橡皮塞塞紧。贴好标签,备用。

2. 酸碱溶液的相互滴定 由微型滴定管中准确放出 NaOH 溶液 2.000mL(准确读数)于 50mL 锥形瓶中,加入 10mL 蒸馏水,加入甲基橙指示剂 1~2 滴,用 0.1 mol·L^{-1} HCl 溶液滴定,边滴边摇动,直至加入半滴 HCl 后,溶液由黄色变为橙色。再加过量的 HCl,观察溶液呈现的红色,再用 NaOH 滴定至黄色。如此反复滴加 NaOH 和 HCl,直至能做到加入半滴 NaOH 溶液由橙色变黄,或再加半滴 HCl,溶液由黄色变为橙色,能控制加入半滴溶液并观察到终点颜色改变为止。记录读数。平行测定 3 次。数据按后面表格记录。计算体积比 $V_{(HCl)}/V_{(NaOH)}$,要求相对偏差在 ±0.3% 以内。

由酸式滴定管中准确放出 0.1 mol·L^{-1} HCl 溶液 2.000mL 于 50mL 锥形瓶中,加入 10mL 蒸馏水,加入酚酞指示剂 1~2 滴,用 0.1 mol·L^{-1} NaOH 溶液滴定至溶液呈微红色,此红色保持 30s 不褪色即为终点。平行测定 3 次。要求相对偏差在 ±0.3% 以内。

五、数据记录与结果

1. HCl 滴定 NaOH(指示剂:甲基橙),见表 8-3。

表 8-3 HCl 滴定 NaOH

编号	I	II	III
NaOH 最后读数/mL			
NaOH 开始读数/mL			
$V_{(NaOH)}$/mL			
HCl 最后读数/mL			
HCl 开始读数/mL			
$V_{(HCl)}$/mL			
$V_{(NaOH)}/V_{(HCl)}$			
平均值			
相对平均偏差			

2. NaOH 滴定 HCl(指示剂:酚酞),见表 8-4。

表 8-4　NaOH 滴定 HCl

编号	I	II	III
HCl 最后读数/mL			
HCl 开始读数/mL			
$V_{(HCl)}$/mL			
NaOH 最后读数/mL			
NaOH 开始读数/mL			
$V_{(NaOH)}$/mL			
$V_{(HCl)}$ / $V_{(NaOH)}$			
平均值			
相对平均偏差			

六、思　考　题

1. 配制 NaOH 溶液时,应选用何种天平称取试剂? 为什么?

2. HCl 和 NaOH 溶液能直接配制准确浓度吗? 为什么?

3. 在滴定分析实验中,滴定管和移液管为何需用滴定剂和待移取的溶液润洗几次? 锥形瓶是否也要用滴定剂润洗?

4. HCl 和 NaOH 溶液定量反应完全后,生成 NaCl 和水,为什么用 HCl 滴定 NaOH 时,采用甲基橙指示剂,而用 NaOH 滴定 HCl 时,使用酚酞或其他合适的指示剂?

附　滴定分析的仪器和基本操作介绍

在滴定分析中,必须准确测量溶液的体积,才能使分析结果符合所要求的准确度。测量体积不准,往往是分析中误差的主要来源。溶液体积测量的准确度,一方面决定于量器的准确度,另一方面决定于量器的正确使用。

1. 滴定管　滴定管是滴定时可以准确测量滴定剂消耗体积的玻璃仪器,它是一根具有精密刻度,内径均匀的细长玻璃管,可连续的根据需要放出不同体积的液体,并准确读出液体体积的量器。根据长度和容积的不同,滴定管可分为常量滴定管、半微量滴定管和微量滴定管,见图8-7。

常量滴定管容积有 50mL、25mL,刻度最小 0.1mL,最小可读到 0.01mL。半微量滴定管容量 10mL,刻度最小 0.05mL,最小可读到 0.01mL。其结构一般与常量滴定管较为类似。微量滴定管容积有 1mL、2mL、3mL、5mL、10mL,刻度最小 0.01mL,最小可读到 0.001mL。

酸式滴定管又称具塞滴定管,它的下端有玻璃旋塞开关,用来装酸性溶液与氧化性溶液及盐类溶液,不能装碱性溶液如 NaOH 等。碱式滴定管又称无塞滴定管,它的下端有一根橡皮管,中间有一个玻璃珠,用来控制溶液的流速,它用来装碱性溶液与无氧化性溶液,凡可与橡皮管起作用的溶液均不

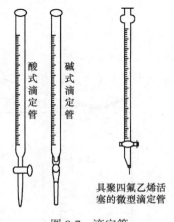

具聚四氟乙烯活塞的微型滴定管

图 8-7　滴定管

可装入碱式滴定管中,如 $KMnO_4$,$K_2Cr_2O_7$,碘液等。近年来利用聚四氟乙烯材料做成滴定管下端活塞和活塞套,代替酸管的玻璃和碱管的乳胶材料,其优点是不需涂油,适用于酸、碱、氧化性、还原性溶液,而且不易损坏,我们的实验中就使用这种聚四氟乙烯活塞微型滴定管。

（1）滴定管使用前的准备

1）检查试漏：滴定管洗净后,先检查旋塞转动是否灵活,是否漏水。先关闭旋塞,将滴定管充满水,用滤纸在旋塞周围和管尖处检查。然后将旋塞旋转180°,直立两分钟,再用滤纸检查。如漏水,需更换活塞。

2）滴定管的洗涤：滴定管使用前必须先洗涤,洗涤时以不损伤内壁为原则。打开旋塞,用吸耳球抽取清洗液至刻度管内,反复挤压吸耳球,让清洗液不断上下抽动。洗完后,再用清水和蒸馏水洗净,如刻度管内的油污很多,可先用铬酸洗涤液抽洗或浸一段时间,再用清水洗。

3）润洗：滴定管在使用前还必须用操作溶液润洗 3 次,每次 2mL 左右。润洗液弃去。

4）装液排气泡：洗涤后加滴定液时,将滴定管放入试剂瓶中,注意不要将塑料滴嘴碰到瓶底,以免弯折。旋开活塞,用吸耳球吸取滴定液至玻璃球内,旋紧活塞,检查活塞周围是否有气泡。若有,开大活塞使溶液冲出,排出气泡。

5）读初读数：放出溶液后(装满或滴定完后)需等待 1~2min 后方可读数。读数时,将滴定管从滴定管架上取下,左手捏住上部无液处,保持滴定管垂直。视线与弯月面最低点刻度水平线相切。视线若在弯月面上方,读数就会偏高;若在弯月面下方,读数就会偏低,见图8-8。若为有色溶液,其弯月面不够清晰,则读取液面最高点。一般初读数为 0.000 或其附近的任一刻度,以减小体积误差。

（2）滴定

1）滴定操作：滴定时,应将滴定管垂直地夹在滴定管夹上,滴定台应呈白色。滴定管离锥瓶口约1cm,用左手控制旋塞,拇指在前,食指中指在后,无名指和小指弯曲在滴定管和旋塞下方之间的直角中。转动旋塞时,手指弯曲,手掌要空。右手三指拿住瓶颈,瓶底离台约2~3cm,滴定管下端深入瓶口约1cm,微动右手腕关节摇动锥形瓶,边滴边摇使滴下的溶液混合均匀。摇动的锥瓶的规范方式为：右手执锥瓶颈部,手腕用力使瓶底沿顺时针方向画圆,要求使溶液在锥瓶内均匀旋转,形成漩涡,溶液不能有跳动,见图8-9。管口与锥瓶应无接触。

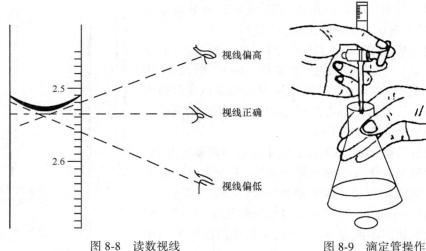

图8-8　读数视线　　　　　　图8-9　滴定管操作

2）滴定速度：液体流速由快到慢，起初可以"连滴成线"，之后逐滴滴下，快到终点时则要半滴半滴的加入。半滴的加入方法是：小心放下半滴滴定液悬于管口，用锥形瓶内壁靠下，然后用洗瓶冲下。

3）终点操作：当锥形瓶内指示剂指示终点时，立刻关闭活塞停止滴定。洗瓶淋洗锥形瓶内壁。取下滴定管，右手执管上部无液部分，使管垂直，目光与液面平齐，读出读数。读数时应估读一位。

滴定结束，滴定管内剩余溶液应弃去，洗净滴定管，夹在夹上备用。

（3）注意事项

1）滴定时，左手不允许离开活塞，放任溶液自己流下。

2）滴定时目光应集中在锥形瓶内的颜色变化上，不要去注视刻度变化，而忽略反应的进行。

3）一般每个样品要平行滴定 3 次，每次均从零线开始，每次均应及时记录在实验记录表格上，不允许记录到其他地方。

4）滴定也可在烧杯中进行，方法同上，但要用玻棒或电磁搅拌器搅拌。

2. 移液管、吸量管 移液管和吸量管是用于准确移取一定体积溶液的量出式玻璃量器。

移液管是一根细长而中间膨大的玻璃管（图 8-10），在管的上端有一环形标线，膨大部分标有它的容积和标定时的温度。常用的移液管有 1mL、2mL、5mL、10mL、25mL、50mL、100mL 等规格。

吸量管的全称是"分度吸量管"，又称为刻度移液管. 它是带有分度线的量出式玻璃量器（图 8-10），用于移取非固定量的溶液。常用的移液管有 1mL、2mL、5mL、10mL 等规格。

（1）洗涤：使用前必须用洗涤剂溶液或铬酸洗液洗涤。用洗耳球吸入洗涤剂至移液管膨体部分的一半，使之放平再旋转几周使内部玻壁均与之接触，随后放出洗涤剂（若用铬酸洗液，则应放回原装洗液瓶内），先用自来水冲洗数次后再用蒸馏水洗（三遍）干净。

（2）润洗：移液时为保证移取时浓度保持不变，应使用滤纸将管口内外水珠擦去，再用被移溶液润洗三次。润洗操作类似洗涤操作。

（3）吸取溶液：吸取溶液时，用右手大拇指和中指拿在管子的刻度上方，插入溶液中，左手用吸耳球将溶液吸入管中（预先排除空气）。吸管下端至少伸入液面1cm，不要伸入太多，以免管口外壁黏附溶液过多，也不要伸入太少，以免液面下降后吸空。用洗耳球慢慢吸取溶液，眼睛注意正在上升的液面位置，移液管应随容器中液面下降而降低，见图 8-11A。当液面上升至标线以上，立即用右手食指按住管口后取出，轻微减轻食指压力并转动移液管使溶液慢慢流出，同时观察液面，当液面达到与刻度相切时，立即按紧食指，用滤纸片将沾在移液管下端的试液擦去（注意滤纸片不可贴在移液管咀，以免吸去试液）。

（4）放出整管溶液：将移液管放入锥形瓶中，将锥形瓶略倾斜，管尖靠瓶内壁，移液管垂直。松开食指，液体自然沿瓶壁流下，液体全部留出后停留15s，取出移液管。留在管口的液体

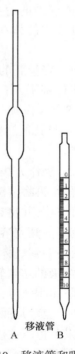

图 8-10 移液管和吸量管
A. 单标线吸量管；B. 分度吸量管

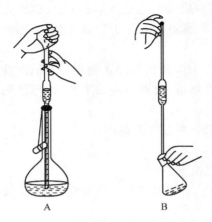

图 8-11　称取、放出溶液操作

A. 移取溶液操作；B. 放出溶液操作

不要吹出，因为校正时未将这部分体积计算在内，见图 8-11B。

使用吸量管时，通常是液面由某一刻度下降到另一刻度，两刻度之差就是放出的溶液的体积，注意目光与刻度线平齐。实验中应尽可能使用同一吸量管的同一区段的体积，最好用上段的体积。

（5）注意事项

1）移液管使用后，应洗净放在移液管架上。

2）移液管和吸量管在实验中应与溶液一一对应，不应串用以避免沾染。

3）容量瓶：容量瓶是常用的测量容纳液体体积的一种容量器皿（量入式量器，符号为 In）。它是一个细长颈梨形平底瓶，带有磨口玻塞或塑料塞。在其颈上有一标线，在指定温度下，当溶液充满至弯月液面与标线相切时，所容纳的溶液体积等于瓶上标示的体积，它主要用来配制标准溶液，或稀释一定量溶液到一定的体积。容量瓶通常有 25mL、50mL、100mL、250mL、500mL、1000mL 等各种规格。

（1）容量瓶的准备：使用前应先检查是否漏水，即在瓶中加水至标线，塞紧磨口塞，左手按住塞子，右手拿住瓶底，将瓶倒立 10s，观察有无渗水（可用滤纸片检查）。将瓶塞旋转 180°再检查一次。合格后用橡皮筋将塞子系在瓶颈上，以防摔碎。因磨口塞与瓶是配套的，与其他瓶塞搞错后也会引起漏水。依次用洗液、自来水、蒸馏水洗净，使内壁不挂水珠。

（2）操作方法：如果是用固体物质配制标准溶液，先将准确称取的固体物质于小烧杯中溶解后，再将溶液定量转移到预先洗净的容量瓶中，转移溶液的方法如图 8-12A 所示。一手拿着玻棒，并将它伸入瓶中；一手拿烧杯，让烧杯嘴贴紧玻棒，慢慢倾斜烧杯，使溶液沿着玻棒流下。倾完溶液后，将烧杯沿玻棒轻轻上提，同时将烧杯直立，使附在玻棒和烧杯嘴之间的液滴回到烧杯中，再用洗瓶以少量蒸馏水冲洗烧杯 3~4 次，洗出液全部转入容量瓶中（叫做溶液的定量转移）。然后用蒸馏水稀释至容积 2/3 处时，旋摇容量瓶使溶液初步混合，以防体积效应，但此时切勿倒转容量瓶。最后，继续加水稀释，当接近标线时，应以滴管逐滴加水至弯月面恰好与标线相切。盖上瓶塞，以手指压住瓶盖，另一手指尖托住瓶底缘（尽量减少手与瓶身的接触面积，以免体温对溶液温度的影响），将瓶倒转并摇动，再倒转过来，使气泡上升到顶。如此反复 15 次以上，使溶液充分混合均匀，如图 8-12B 所示。

如果把浓溶液定量稀释，则用移液管吸取一定体积的浓溶液移入瓶中，按上述方法稀释至标线，摇匀。

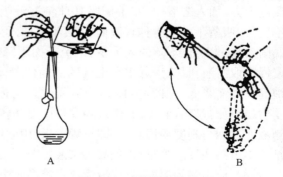

图 8-12　容量瓶的使用

A. 溶液定量转移操作；B. 溶液的混匀

（3）注意事项

1）热溶液应冷至室温后，才能稀释至标线，否则可造成体积误差。

2）需避光的溶液应以棕色容量瓶配制。

3）对容量瓶材料有腐蚀作用的溶液，尤其是碱性溶液，不可在容量瓶内长期存放，应转移到试剂瓶中保存，试剂瓶应先用配好的溶液荡洗 2~3 次。

4）容量瓶使用完毕后应立即用水冲洗干净。如长期不用，磨口处应洗净擦干，并用纸片将磨口与瓶塞隔开再保存。

第九章　微型定量分析实验

实验三　酸碱标准溶液浓度的标定

一、实　验　目　的

1. 进一步练习滴定操作和天平减量法称量。
2. 学会标定酸碱标准溶液的浓度。
3. 初步掌握酸碱指示剂的选择方法。

二、实　验　原　理

酸碱标准溶液是采用间接法配制的,其浓度必须依靠基准物质来标定。也可根据酸碱溶液已标定出其中之一浓度,然后按它们的体积比 V_{HCl}/V_{NaOH} 来计算出另一种标准溶液的浓度。

1. 标定酸的基准物常用无水碳酸钠或硼砂,以无水碳酸钠为基准标定时,应采用甲基橙为指示剂,反应式如下

$$Na_2CO_3+2HCl = 2NaCl+H_2O+CO_2\uparrow$$

以硼砂 $Na_2B_4O_7 \cdot 10H_2O$ 为基准物时,反应产物是硼酸($K_a^\theta = 5.7 \times 10^{-10}$),溶液呈微酸性,因此选用甲基红为指示剂,反应如下

$$Na_2B_4O_7+2HCl+5H_2O = 2NaCl+4H_3BO_3$$

2. 标定碱的基准物质常用的有邻苯二甲酸氢钾或草酸,邻苯二甲酸氢钾是一种二元弱酸的共轭碱,它的酸性较弱,$K_{a_2}^\theta = 2.9 \times 10^{-6}$,与 NaOH 反应式如下

反应产物是邻苯二甲酸氢钾钠,在水溶液中显微碱性,因此应选用酚酞为指示剂。草酸 $H_2C_2O_4 \cdot 2H_2O$ 是二元酸,由于 $K_{a_1}^\theta$ 与 $K_{a_2}^\theta$ 值相近,不能分步滴定,反应产物为 $Na_2C_2O_4$,在水溶液中呈微碱性,也可采用酚酞为指示剂。

三、仪器和药品

1. 仪器　电子天平,3mL 微型滴定管,50mL 容量瓶,2mL 移液管,50mL 锥形瓶,50mL 小烧杯。

2. 药品　0.1mol·L⁻¹ HCl 标准溶液,0.1mol·L⁻¹ NaOH 标准溶液,邻苯二甲酸氢钾,硼砂,0.1%甲基红水溶液,0.2%酚酞乙醇溶液。

四、实验步骤

1. 盐酸溶液浓度的标定　准确称取 $Na_2B_4O_7 \cdot 10H_2O$ 1.0g 左右于干燥的小烧杯中,用少量水溶解后,定量转移至 50mL 容量瓶中,稀释至刻度,摇匀。

用移液管准确移取上述硼砂的标准溶液 2.00mL 置于 50mL 锥形瓶中,加蒸馏水 10mL,加 1 滴甲基红指示剂,用欲标定的 HCl 溶液滴定,近终点时,应逐滴或半滴加入,直至被滴定的溶液由黄色恰变成橙色为终点。读取读数并正确记录在表格内,平行测定 3 次。

根据 $Na_2B_4O_7 \cdot 10H_2O$ 的质量 m 和消耗 HCl 溶液的体积 $V_{(HCl)}$,可计算 HCl 标准溶液的浓度 $C_{(HCl)}$,每次标定的结果与平均值的相对偏差不得大于 0.3%,否则应重新标定。

2. 碱溶液的标定　准确称取邻苯二甲酸氢钾基准物质 1.0g 左右于干燥的小烧杯中,用少量水溶解后,定量转移至 50ml 容量瓶中,稀释至刻度,摇匀。

用移液管准确移取上述溶液 2.00ml 置于 50ml 锥形瓶中,加蒸馏水 10ml,加 1 滴酚酞指示剂,用欲标定的 NaOH 溶液滴定至溶液呈浅红色,且摇动后在半分钟内不褪色,即为终点。读取读数并正确记录在表格内,平行测定 3 次。

根据邻苯二甲酸氢钾的质量 m 和消耗 NaOH 标准溶液的体积 $V_{(NaOH)}$,计算 NaOH 标准溶液的浓度 $C_{(NaOH)}$。每次标定的结果与平均值的相对偏差不大于 ±0.3%。

五、数据记录

NaOH 标准溶液的标定见表 9-1。

表 9-1　NaOH 标准溶液的标定

编号	I	II	III
邻苯二甲酸氢钾和称量瓶质量/g			
倾出后邻苯二甲酸氢钾和称量瓶质量/g			
邻苯二甲酸氢钾质量/g			
NaOH 终读数/ mL			
NaOH 始读数/ mL			
$V_{(NaOH)}$/ mL			
$C_{(NaOH)}$/(mol·L^{-1})			
平均值			
相对平均偏差			

六、思　考　题

1. 微型滴定法标定 HCl 和 NaOH 溶液时,为什么要采用配制基准物质的标准溶液,然后再滴定?

2. 标定用的基准物质应具备哪些条件?

3. 准确移取的基准物质标准溶液于锥形瓶中,锥形瓶内壁要不要预先干燥?为什么?

4. 用邻苯二甲酸氢钾标定 NaOH 溶液时,为什么选用酚酞指示剂?用甲基橙可以吗?为什么?

实验四 食用醋中总酸度的测定

一、实验目的

1. 了解强碱滴定弱酸过程中的 pH 变化,化学计量点以及指示剂的选择。
2. 学习食用醋中总酸度的测定方法。

二、实验原理

食用醋的主要成分是醋酸 CH_3COOH(HAc),此外还含有少量其他弱酸如乳酸等。醋酸的电离常数 $K_a = 1.8 \times 10^{-5}$,用 NaOH 标准溶液滴定醋酸,其反应式是:NaOH+HAc = NaAc+H_2O,滴定化学计量点的 pH 约为 8.7,应选用酚酞为指示剂,滴定终点时溶液由无色变为微红色,且 30s 内不褪色。滴定时,不仅 HAc 与 NaOH 反应,食用醋中可能存在其他各种形式的酸也与 NaOH 反应,故滴定所得为总酸度,以 ρ(HAc)(g·L^{-1})表示。

三、仪器和药品

1. 仪器　3mL 微型滴定管,50mL 锥形瓶,2mL 移液管,50mL 容量瓶。
2. 药品　NaOH 溶液(0.1mol·L^{-1}),邻苯二甲酸氢钾($KHC_8H_4O_4$)基准试剂,酚酞指示剂(2g·L^{-1}乙醇溶液),食用醋试液。

四、实验步骤

1. 0.1mol·L^{-1}NaOH 溶液的标定(参见实验三)。
2. 食用醋总酸度的测定:准确吸取食用醋试液 5.00mL 于 50mL 容量瓶中,用新煮沸并冷却的蒸馏水稀释至刻度,摇匀。用移液管移取 2.00mL 上述稀释后试液于 50mL 锥形瓶中,加入 10mL 蒸馏水,1 滴酚酞指示剂。用上述 0.1 mol·L^{-1}NaOH 标准溶液滴至溶液呈微红色且 30s 内不褪色,即为终点。平行测定 3 次,根据所有消耗的 NaOH 标准溶液的用量,计算食用醋总酸量 ρ(HAc)(g·L^{-1})。

五、实验数据记录

实验数据记录见表 9-2。

表 9-2　实验数据记录

次 数 记录项目	1	2	3
NaOH 的初读数			
NaOH 的终读数			
$V_{(NaOH)}$／mL			

记录项目 ＼ 次　数	1	2	3
ρ(HAc)g/100mL			
平均相对偏差			

六、注 意 事 项

配制 NaOH 溶液和食用醋试液的蒸馏水必须是新煮沸的不含 CO_2 的水,否则影响标定及测定。

七、思 考 题

1. 滴定终点到达时,在读完滴定管读数后,发现滴定管尖嘴上还留有一滴 NaOH 溶液,这对食醋总酸量的测定有什么影响?
2. 测定醋酸为什么要用酚酞做指示剂? 用甲基橙或甲基红为什么不可以?
3. 测定醋酸含量时,所用的蒸馏水不能含二氧化碳,为什么?

实验五　混合碱中各组分含量的测定

一、实 验 目 的

1. 了解利用双指示剂法测定 Na_2CO_3 和 $NaHCO_3$ 混合物的原理和方法。
2. 进一步掌握微量滴定操作技术。

二、实 验 原 理

混合碱是 $NaCO_3$ 与 NaOH 或 $NaHCO_3$ 与 Na_2CO_3 的混合物。欲测定同一份试样中各组分的含量,可用 HCl 标准溶液滴定,根据滴定过程中 pH 变化的情况,选用酚酞和甲基橙为指示剂,常称之为"双指示剂法"。

若混合碱是由 Na_2CO_3 和 NaOH 组成,第一等当点时,反应如下

$$HCl+NaOH =\!=\!= NaCl+H_2O$$

$$HCl+Na_2CO_3 =\!=\!= NaHCO_3+H_2O$$

以酚酞为指示剂(变色 pH 范围为 8.0~10.0),用 HCl 标准溶液滴定至溶液由红色恰好变为无色。设此时所消耗的盐酸标准溶液的体积为 V_1 ml。第二等当点的反应为

$$HCl+NaHCO_3 =\!=\!= NaCl+CO_2\uparrow +H_2O$$

以甲基橙为指示剂(变色 pH 范围为 3.1~4.4),用 HCl 标准溶液滴至溶液由黄色变为橙色。消耗的盐酸标准溶液为 V_2 ml。

当 $V_1>V_2$ 时,试样为 Na_2CO_3 与 NaOH 的混合物,中和 Na_2CO_3 所消耗的 HCl 标准溶液为 $2V_1$ ml,中和 NaOH 时所消耗的 HCl 量应为(V_1-V_2)ml。据此,可求得混合碱中 Na_2CO_3 和 NaOH 的含量。

当 $V_1 < V_2$ 时,试样为 Na_2CO_3 与 $NaHCO_3$ 的混合物,此时中和 Na_2CO_3 消耗的 HCl 标准溶液的体积为 $2V_1$ ml,中和 $NaHCO_3$ 消耗的 HCl 标准溶液的体积为 (V_2-V_1) ml。可求得混合碱中 Na_2CO_3 和 $NaHCO_3$ 的含量。

双指示剂法中,一般是先用酚酞,后用甲基橙指示剂。由于以酚酞作指示剂时从微红色到无色的变化不敏锐,因此也常选用甲酚红-百里酚蓝混合指示剂。甲酚红的变色范围为 6.7(黄)~8.4(红),百里酚蓝的变色范围为 8.0(黄)~9.6(蓝),混合后的变色点是 8.3,酸色为黄色,碱色为紫色,混合指示剂变色敏锐。用盐酸标准溶液滴定试液由紫色变为粉红色,即为终点。

三、仪器和药品

1. 仪器　电子天平,3mL 微型滴定管,50mL 容量瓶,2mL 移液管,50mL 锥形瓶,50mL 小烧杯。

2. 药品

(1) $0.1mol \cdot L^{-1}$ HCl 溶液:用吸量管吸取约 0.5mL 浓盐酸于 50mL 试剂瓶中,加水稀释至 50mL。因浓盐酸挥发性很强,操作应在通风橱中进行。

(2) 无水 Na_2CO_3 基准物质:将无水 Na_2CO_3 置于烘箱内,在 180℃ 下干燥 2~3h。

(3) 酚酞指示剂:$2g \cdot L^{-1}$ 乙醇溶液。

(4) 甲基橙指示剂:$1g \cdot L^{-1}$。

(5) 混合碱试样。

四、实验步骤

1. $0.1mol \cdot L^{-1}$ HCl 溶液的标定(见实验三)。

2. 混合碱的测定:准确称取混合碱试样 0.5g 左右于干燥小烧杯中,加水使之溶解后,定量转入 50mL 容量瓶中,用水稀释至刻度,充分摇匀。

准确移取 2.00mL 上述试液于 50mL 锥形瓶中,加入 10mL 蒸馏水,加酚酞 1 滴,用盐酸标准溶液滴定至溶液由红色恰好褪为无色,记下所消耗 HCl 标准溶液的体积 V_1,再加入甲基橙指示剂 1 滴,继续用盐酸标准溶液滴定溶液至由黄色恰好变为橙色,所消耗 HCl 溶液的体积记为 V_2,平行测定 3 次,计算混合碱中各组分的含量。

五、注意事项

1. 滴定到达第二等当点时,由于易形成 CO_2 过饱和溶液,滴定过程中生成的 H_2CO_3 慢慢地分解出 CO_2,使溶液的酸度稍有增大,终点出现过早,因此在终点附近应剧烈摇动溶液。

2. 若混合碱是固体样品,应尽可能均匀,亦可配成混合试液供练习用。

六、思　考　题

1. 采用双指示剂法测定混合碱,在同一份溶液中测定,试判断下列五种情况下,混合碱中存在的成分是什么?

(1) $V_1 = 0$;

（2）$V_2 = 0$；

（3）$V_1 > V_2$；

（4）$V_1 < V_2$；

（5）$V_1 = V_2$。

2. 测定混合碱中总碱度,应选用何种指示剂?

3. 测定混合碱,接近第一化学计量点时,若滴定速度太快,摇动锥形瓶不够,致使滴定液 HCl 局部过浓,会对测定造成什么影响? 为什么?

4. 标定 HCl 的基准物质无水 Na_2CO_3 如保存不当,吸收了少量水分,对标定 HCl 溶液浓度有何影响?

实验六　EDTA 标准溶液的配制与标定

一、实 验 目 的

1. 掌握 EDTA 标准溶液的配制方法。
2. 掌握用络合滴定法标定 EDTA 标准溶液。

二、实 验 原 理

标定 EDTA 标准溶液时用标准锌溶液,一般是在 pH = 10 的氨性缓冲溶液,以铬黑 T(EBT)为指示剂,计量点前 Zn^{2+} 与铬黑 T 生成紫色络合物,当用 EDTA 滴定至计量点时,游离出指示剂,溶液呈现蓝色。

三、仪 器 和 药 品

1. 仪器　电子天平,3mL 滴定管,50mL 容量瓶,2mL 移液管,25mL 锥形瓶,50mL 锥形瓶,50mL 烧杯。

2. 药品　$c_{(EDTA)}$ = 0.01mol · L^{-1} EDTA 标准溶液:精确称取 0.2g NaH_2Y · $2H_2O$ 加水溶解(需微热),稀释至 50mL 储存于聚乙烯塑料瓶中;pH = 10 的 NH_3-NH_4Cl 缓冲溶液:称取 1.0g NH_4Cl 溶解于少量水中,加入 5mL 浓氨水,用水稀释至 50mL;200g · L^{-1} 三乙醇胺溶液;5g · L^{-1} 铬黑 T:称取铬黑 T 0.5g,加入 200g · L^{-1} 三乙醇胺溶液 100mL 以及少许盐酸羟胺;6mol · L^{-1} HCl;5mol · L^{-1} NH_3 · H_2O;99.99% 锌片;2g · L^{-1} 甲基红指示剂乙醇溶液。

四、实 验 步 骤

1. 标准锌溶液的配制　准确称取锌片 0.1g 于 50mL 烧杯中,加入 2mL 6 mol · L^{-1} HCl,盖上表面皿,待完全溶解后,用水吹洗表面皿和烧杯壁,将溶液转入 100mL 容量瓶,用水稀释至刻度,摇匀。

2. 0.01mol · L^{-1} EDTA 溶液的标定　用移液管移取 1.00mL Zn^{2+} 溶液于 25mL 锥形瓶中,加甲基红 1 滴,滴加氨水使溶液呈现微黄色,再加蒸馏水 3mL,氨性缓冲溶液 1mL,摇匀,加入铬黑 T 指示剂 1 滴(约 0.05mL),用 EDTA 溶液滴定至溶液由紫红色变为蓝紫色即为终点,平行标定三份,记下消耗 EDTA 溶液的体积(mL),计算 EDTA 溶液的浓度。

五、思 考 题

1. 在螯合滴定中,指示剂应具备什么条件?
2. 用锌标定 EDTA 时可选用哪几种缓冲溶液?

实验七　水的总硬度测定

一、实 验 目 的

1. 掌握测定水的总硬度的方法和条件。
2. 掌握掩蔽干扰离子的条件及方法。

二、实 验 原 理

水的总硬度指水中 Ca^{2+}、Mg^{2+} 的含量,对于水的总硬度,各国表示方法有所不同,我国"生活饮用水卫生标准"规定,总硬度以 $CaCO_3$ 计,不得超过 $450mg \cdot L^{-1}$。工农业用水、饮用水对硬度都有一定要求。

国内外规定的测定水的总硬度的标准分析方法是 EDTA 滴定法。用 EDTA 滴定 Ca^{2+}、Mg^{2+} 总量时,在 pH = 10.0 的氨水缓冲溶液中,以铬黑 T 为指示剂,计量点前 Ca^{2+} 和 Mg^{2+} 与 EBT 生成紫红色络合物,当用 EDTA 滴定至计量点时游离出指示剂,溶液呈现纯蓝色。滴定时用三乙醇胺掩蔽 Fe^{3+}、Ai^{3+}、Ti^{4+};以 Na_2S 或巯基乙酸掩蔽 Cu^{2+}、Pb^{2+}、Zn^{2+}、Cd^{2+}、Mn^{2+} 等干扰离子,消除对铬黑 T 指示剂的封闭作用。

为了提高滴定终点的敏锐性,氨性缓冲溶液中可加入一定量的 Mg-EDTA。由于 Mg-EDTA 的稳定性大于 Ca-EDTA 使终点颜色变化明显。

三、仪 器 和 药 品

1. 仪器　电子天平,3mL 滴定管,50mL 容量瓶,2mL 移液管,50mL 锥形瓶,50mL 烧杯。
2. 药品　$c_{(EDTA)}$ = 0.01mol·L^{-1} EDTA 标准溶液:精确称取 0.2 g $NaH_2Y \cdot 2H_2O$ 加水溶解(需微热),稀释至 50mL 储存于聚乙烯塑料瓶中;pH = 10 的 NH_3-NH_4Cl 缓冲溶液:称取 1.0g NH_4Cl 溶解于少量水中,加入 5mL 浓氨水,加入 Mg-EDTA 的全部溶液用水稀释至 50ml;200g·L^{-1}三乙醇胺溶液;5g·L^{-1}铬黑 T:称取铬黑 T 0.5g,加入 200g·L^{-1}三乙醇胺溶液 100mL 以及少许盐酸羟胺;6mol·L^{-1}HCl;5mol·L^{-1} $NH_3 \cdot H_2O$;99.99% 锌片;2g·L^{-1}甲基红指示剂乙醇溶液;20g·$L^{-1}Na_2S$ 溶液。

四、实 验 步 骤

1. 0.01mol·L^{-1} EDTA 溶液的标定　按着实验五的步骤标定 EDTA 溶液,计算 EDTA 溶液的浓度。
2. 水的总硬度测定　用 5mL 移液管吸取自来水样 5mL 于锥形瓶中,加三乙醇胺 0.3mL (约 6 滴,若水中含有重金属离子,需加入 0.1mL Na_2S 溶液),加 1mL NH_3-NH_4Cl 缓冲溶液及少量铬黑 T 指示剂 1 滴。立即用 EDTA 滴定,并用力摇动溶液。近终点时溶液呈紫红色后,一定要一滴一滴加入,每加一滴用力摇动至溶液由紫红变至纯蓝色为终点。平行测定 3 份,计算水的总硬度,以 $CaCO_3 mg \cdot L^{-1}$ 表示。所用 EDTA 体积相差不得超过 0.05mL。

五、注 意 事 项

1. Mg-EDTA 溶液的配制时,称取 $0.13gMgCl_2 \cdot 6H_2O$ 于 50mL 烧杯中,加入少量水溶解后转入 50mL 容量瓶中,用水稀释至刻度,用干燥的 25mL 移液管移取 25mL 上述溶液加入 5mL pH = 10 的 NH_3-NH_4Cl 缓冲溶液,3~4 滴铬黑 T 指示剂,用 $0.1mol \cdot L^{-1}$ EDTA 滴定至溶液由紫红色变为蓝紫色为终点,取此同量的 EDTA 溶液加入容量瓶剩余的镁溶液中,即成 Mg-EDTA 盐溶液。将此溶液全部放入上述缓冲溶液中。此缓冲溶液适用于镁盐含量低的水样。

2. 若水中 HCO_3^- 含量较高,加入缓冲溶液后会出现 $CaCO_3$ 等沉淀,使测定无法进行。可事先加入 1:1 HCl 2 滴,煮沸,除去 CO_2,冷却后再进行滴定。

3. 若水样中含 Fe^{3+} 超过 10 mg $\cdot L^{-1}$ 时,用三乙醇胺等掩蔽不完全,须用蒸馏水将水样稀释到 Fe^{3+} 含量不超过 10mg $\cdot L^{-1}$。

六、思 考 题

1. 络合滴定中加入缓冲溶液的作用是什么?

2. 什么样的水样应加含 Mg-EDTA 的氨性缓冲溶液,Mg-EDTA 盐的作用是什么? 对测定结果有没有影响?

实验八 $KMnO_4$ 标准溶液的配制与标定

一、实 验 目 的

1. 掌握高锰酸钾溶液的配制方法。

2. 掌握标定高锰酸钾溶液的原理与方法。

二、实 验 原 理

高锰酸钾是强氧化剂,见光易分解,在空气中也被还原成各种还原产物,在配制和存放过程中会生成 MnO_2 等杂质,所以最初配制的高锰酸钾溶液浓度会发生变化,须用基准物质进行标定。$KMnO_4$ 溶液的浓度可用基准物质 As_2O_3、纯铁丝或 $Na_2C_2O_4$ 等进行标定。若以 $Na_2C_2O_4$ 标定,其反应式为

$$2MnO_4^- + 5C_2O_4^{2-} + 16H^+ = 2Mn^{2+} + 10CO_2 \uparrow + 8H_2O$$

三、仪 器 和 药 品

1. 仪器 电子天平,3mL 滴定管,2mL 移液管,50mL 容量瓶,50mL 锥形瓶,50mL 烧杯。

2. 药品 $Na_2C_2O_4$ 基准试剂:在 105~115℃ 条件下烘干 2h 备用;3mol $\cdot L^{-1} H_2SO_4$ 溶液;1mol $\cdot L^{-1} Mn_2SO_4$ 溶液;0.02mol $\cdot L^{-1} KMnO_4$ 溶液。

四、实 验 步 骤

1. $c_{(KMnO_4)} = 0.02mol \cdot L^{-1}$ 的 $KMnO_4$ 溶液配制　称取约 0.16g $KMnO_4$ 固体置于 100mL 烧杯中,约加 50mL 蒸馏水溶解,盖上表面皿,加热至沸并保持微沸状态 1h,中途间或补加一定量蒸馏水,以保持溶液体积不变。冷却后将溶液转移至棕色瓶,在暗处放置2~3天后用微孔玻璃漏斗(3 号或 4 号)过滤除去 MnO_2 等杂质,将滤液保存在磨口棕色瓶内备用,也可将 $KMnO_4$ 固体溶于煮沸过的蒸馏水中,让该溶液在暗处 6~10 天,用微孔玻璃漏斗过滤备用。有时也可不经过滤而直接取上层清液进行实验。

2. 标定 $KMnO_4$ 溶液　精确称取 0.3~0.4g 基准物 $Na_2C_2O_4$ 于小烧杯中,加入少量蒸馏水将其溶解后,定量转移至 50mL 容量瓶中,加水稀释至刻度,摇匀。移取 2.00mL 该溶液于 25mL 锥形瓶中,加入 1mL 3mol $\cdot$ L^{-1}硫酸和 1 滴 $MnSO_4$溶液,水浴加热至75~85℃,注意勿使沸腾,否则会加速 $H_2C_2O_4$ 的分解。趁热用 $KMnO_4$ 溶液滴定。开始滴定要慢,即滴入第一滴 $KMnO_4$ 溶液后,摇匀,待颜色完全退去后再滴加第二滴。随着反应速度加快,可逐渐增快滴定速度。但在整个滴定过程中 $KMnO_4$ 滴加速度不宜过快,因在热的酸性溶液中 $KMnO_4$ 会分解。当滴定至溶液呈粉红色并且在半分钟内不褪色即为终点,此时溶液温度不应低于60℃。平行滴定 3 份,根据消耗 $KMnO_4$ 溶液的体积计算其准确浓度。平行标定结果的相对误差应小于 0.3%。

五、思 考 题

1. 配制高锰酸钾标准溶液应注意什么?
2. $KMnO_4$ 溶液能否用滤纸过滤? 为什么?
3. 用 $Na_2C_2O_4$基准物标定 $KMnO_4$时,应注意哪些反应条件?

实验九　高锰酸钾法测定 H_2O_2 含量

一、实 验 目 的

1. 掌握 $KMnO_4$法测定 H_2O_2含量的原理和方法。
2. 了解 H_2O_2的性质和应用。

二、实 验 原 理

在稀 H_2SO_4溶液中,常温条件下,H_2O_2能被高锰酸钾迅速、定量地氧化,因此可利用高锰酸钾法测定 H_2O_2的含量,反应如下

$$2MnO_4^- + 5H_2O_2 + 6H^+ = 2Mn^{2+} + 5O_2 \uparrow + 8H_2O$$

$KMnO_4$法测定 H_2O_2含量时,开始时反应缓慢,滴入第一滴 $KMnO_4$溶液后不容易褪色,待生成 Mn^{2+}后,由于 Mn^{2+}的催化作用,反应速度加快。随着反应速度加快,可逐渐加快滴定速度,终点时溶液应呈粉红色并且在半分钟内不褪色。

H_2O_2试样若系工业产品,则含有少量乙酰苯胺等稳定剂,此类稳定剂也消耗 $KMnO_4$,引起较大误差。此时应采用铈量法或碘量法进行测定。

三、仪器和药品

1. 仪器 5mL 酸式滴定管,25mL 容量瓶,2mL 移液管,50ml 锥形瓶。
2. 药品 0.02mol·L^{-1} KMnO$_4$ 标准溶液(见实验八),3 mol·L^{-1} H$_2$SO$_4$ 溶液,3% H$_2$O$_2$ 溶液。

四、实 验 步 骤

用移液管移取 2mL 3% H$_2$O$_2$ 溶液于 25mL 容量瓶中,加蒸馏水定容,充分摇匀。用移液管吸取 2mL H$_2$O$_2$ 溶液于 50mL 锥形瓶中,加 1mL 3 mol·L^{-1} H$_2$SO$_4$ 和 2mL 蒸馏水,用 KMnO$_4$ 标准溶液滴定。开始滴定速度要慢,待第一滴 KMnO$_4$ 溶液完全褪色后,再滴入第 2 滴,随着反应速度的加快,可逐渐加快滴定速度,当滴定至溶液呈粉红色且半分钟内不褪色即为终点,记下消耗 KMnO$_4$ 溶液的体积。平行测定 3 份,计算 H$_2$O$_2$ 的含量,以 ρ(H$_2$O$_2$)/g·L^{-1} 表示。平行测定的结果相对误差应小于 0.3%。

五、思 考 题

1. 用 KMnO$_4$ 法测 H$_2$O$_2$ 含量时,能否用 HCl、HNO$_3$ 或 HAc 控制溶液酸度?为什么?
2. 用 KMnO$_4$ 法测 H$_2$O$_2$ 含量时,能否通过加热来加快反应速度?为什么?

实验十 硫代硫酸钠溶液的配制与标定

一、实 验 目 的

1. 了解 Na$_2$S$_2$O$_3$ 标准溶液的配制和保存方法。
2. 掌握标定 Na$_2$S$_2$O$_3$ 标准溶液的原理和方法。

二、实 验 原 理

硫代硫酸钠(Na$_2$S$_2$O$_3$·5H$_2$O)一般含有少量杂质,如 S、Na$_2$SO$_3$、Na$_2$SO$_4$、NaCl 等,还容易潮解和风化,因此须用间接法配制。Na$_2$S$_2$O$_3$ 易受溶解在水中的 CO$_2$、O$_2$ 和微生物的作用而分解,故应用新煮沸后冷却的蒸馏水来配制。Na$_2$S$_2$O$_3$ 在日光下、酸性溶液中,极不稳定,故配制溶液时还需加入少量的 Na$_2$CO$_3$,配制好的标准溶液应贮存于棕色瓶中置于暗处保存。长期使用时,应定期标定。通常用 K$_2$Cr$_2$O$_7$ 作为基准物质标定 Na$_2$S$_2$O$_3$ 溶液,反应式如下

$$Cr_2O_7^{2-} + 6 I^- + 14H^+ = 2Cr^{3+} + 3I_2 + 7H_2O$$

析出的 I$_2$ 再用 Na$_2$S$_2$O$_3$ 标准溶液滴定,反应如下

$$I_2 + 2S_2O_3^{2-} = 2I^- + S_4O_6^{2-}$$

三、仪器和药品

1. 仪器 台秤,电子天平,5mL 酸式滴定管,50mL 碘量瓶,25mL 容量瓶,2mL 移液管,10mL 量筒,25mL 烧杯。

2. 药品　6mol·L^{-1} H$_2$SO$_4$溶液,10% KI 溶液,0.5% 淀粉溶液,K$_2$Cr$_2$O$_7$基准试剂,Na$_2$S$_2$O$_3$·5H$_2$O,Na$_2$CO$_3$。

四、实 验 步 骤

1. 0.1 mol·L^{-1} Na$_2$S$_2$O$_3$标准溶液的配制　称取 1.2g Na$_2$S$_2$O$_3$·5H$_2$O 用新煮沸后冷却的蒸馏水溶解,待完全溶解后,加入约 0.1g Na$_2$CO$_3$,再用新煮沸后冷却的蒸馏水稀释至50mL,储存于棕色试剂瓶中,于暗处放置 7~14 天后标定。

2. 0.02 mol·L^{-1} K$_2$Cr$_2$O$_7$标准溶液的配制　准确称取 0.15g 左右的 K$_2$Cr$_2$O$_7$于 25mL烧杯中,用蒸馏水溶解,定量转移至 25mL 容量瓶中,用蒸馏水稀释至刻度,摇匀,计算K$_2$Cr$_2$O$_7$ 溶液的浓度。

3. 0.1 mol·L^{-1} Na$_2$S$_2$O$_3$标准溶液的标定　用移液管移取 2mL K$_2$Cr$_2$O$_7$标准溶液于50mL碘量瓶中,加入 0.5 mL 6 mol·L^{-1} H$_2$SO$_4$溶液和 0.5 mL 10% KI 溶液,加盖,轻轻摇匀,在暗处放 5min 后,再加蒸馏水稀释至 10 mL,立即用待标定的 Na$_2$S$_2$O$_3$溶液滴定至红棕色变为浅黄色,再加入 4 滴 0.5%淀粉溶液,继续滴定至蓝色刚好消失,溶液呈亮绿色即为终点。平行滴定三份,根据消耗 Na$_2$S$_2$O$_3$溶液的体积计算其准确浓度。平行标定结果的相对误差应小于 0.3%。

五、思 考 题

1. 配制 Na$_2$S$_2$O$_3$ 标准溶液,为什么要用新煮沸并冷却的蒸馏水?为什么要加入少量 Na$_2$CO$_3$?

2. KI 的加入量为什么要过量?其作用是什么?

实验十一　硫酸铜中铜含量的测定

一、实 验 目 的

掌握用间接碘量法测定铜的原理和方法。

二、实 验 原 理

在酸性(HAc 或稀 H$_2$SO$_4$)溶液中,Cu^{2+}与过量 KI,析出的 I$_2$用 Na$_2$S$_2$O$_3$标准溶液滴定,用淀粉作指示剂,反应如下:

$$2Cu^{2+} + 4I^- = 2CuI \downarrow + I_2$$
$$I_2 + 2S_2O_3^{2-} = 2I^- + S_4O_6^{2-}$$

反应加入过量 KI,一方面是促使反应进行完全,另一方面是使 I$_2$形成 I$_3^-$,以增加 I$_2$溶解度。

CuI 沉淀表面易吸附 I$_2$,造成结果偏低,须在临近终点前加入 KSCN,使 CuI(K_{sp}^{θ} = 5.06×10^{-12})转化为溶解度更小的 CuSCN 沉淀(K_{sp}^{θ} = 4.8×10^{-15}),释放出被吸附的 I$_2$。

$$CuI + SCN^- = CuSCN \downarrow + I^-$$

测定时溶液的 pH 一般应控制在 3.0~4.0 之间。酸度过低,Cu^{2+}将水解,使反应不完全,反应速度变慢,终点拖长,致结果偏低;酸度过高,Cu^{2+}可催化空气中的 O$_2$将 I$^-$氧化成

I_2,致结果偏高。

三、仪器和药品

1. 仪器　电子天平,5mL 酸式滴定管,50mL 碘量瓶,25mL 容量瓶,2mL 移液管,10mL 量筒,25mL 烧杯。

2. 药品　0.1mol·L^{-1} $Na_2S_2O_3$ 标准溶液(参见实验十),3mol·L^{-1} H_2SO_4 溶液,10% KI 溶液,0.5% 淀粉溶液,10% KSCN 溶液,含硫酸铜试样。

四、实验步骤

准确称取含有硫酸铜试样适量(相当于约 0.5g $CuSO_4$)于 25mL 烧杯中,用少量蒸馏水溶解,然后定量转移至 25mL 容量瓶中,再用蒸馏水稀释至刻度。用移液管移取 2mL 溶液于 50mL 碘量瓶中,加入 4 滴 3mol·L^{-1} H_2SO_4 溶液和 5mL 蒸馏水,再加入 0.5mL 10% KI 溶液,立即用 0.1 mol·L^{-1} $Na_2S_2O_3$ 标准溶液滴定至浅黄色,然后加入 4 滴 0.5% 淀粉,继续滴定至浅蓝色,再加入 0.5mL 10% KSCN 溶液,用力摇匀后,继续滴定至蓝色刚好消失即为终点,此时溶液为米色 CuSCN 的悬浊液。平行测定 3 份,计算试样中铜的质量分数,平行测定的结果相对误差应小于 0.3%。

五、思考题

1. 测定铜含量时,为什么要加入过量 KI? 加入 KSCN 溶液的目的是什么?
2. 硫酸铜易溶于水,为什么溶解时要加入硫酸? 能否用盐酸或硝酸代替?
3. 若含铜溶液中存在 Fe^{3+},对测定结果有何影响? 如何消除这种影响?

实验十二　硫酸亚铁中铁含量的测定

一、实验目的

1. 熟悉 $K_2Cr_2O_7$ 法测定亚铁盐中铁的原理和操作步骤。
2. 掌握 $K_2Cr_2O_7$ 标准溶液的配制方法。

二、实验原理

在酸性条件下,重铬酸钾具有较强的氧化能力,可在含 Cl^- 的介质中测定具有还原性的物质,如可测定亚铁盐中铁的含量,反应如下

$$Cr_2O_7^{2-} + 6Fe^{2+} + 14H^+ = 2Cr^{3+} + 6Fe^{3+} + 7H_2O$$

反应后生成的 Cr^{3+} 显绿色,一般用二苯胺磺酸钠为指示剂,在硫酸-磷酸介质中滴定,终点时溶液呈紫色或紫蓝色。

滴定过程中生成的 Fe^{3+} 呈黄色,影响终点的观察,若在溶液中加入 H_3PO_4,H_3PO_4 与 Fe^{3+} 生成无色的 $Fe(HPO_4)_2^-$,可掩蔽 Fe^{3+}。同时由于 $Fe(HPO_4)_2^-$ 的生成使得 Fe^{3+}/Fe^{2+} 电对的条件电位降低,滴定突跃增大,指示剂可在突跃范围内变色,从而减少滴定误差。

三、仪器和药品

1. 仪器　电子天平,3mL 滴定管,2mL 移液管,50mL 容量瓶,50mL 锥形瓶,50mL 烧杯。
2. 药品　5%FeSO$_4$溶液:称取 5g FeSO$_4$溶解于 20mL 浓热盐酸中加水稀释至 100mL;浓 HCl;硫酸-磷酸混合酸:将 150mL 浓硫酸缓缓加入 700mL 水中,冷却后加入 150mL 磷酸,摇匀;0.2%二苯胺磺酸钠的水溶液;K$_2$Cr$_2$O$_7$标准溶液。

四、实 验 步 骤

1. K$_2$Cr$_2$O$_7$标准溶液的配制　将 K$_2$Cr$_2$O$_7$在 150~180℃烘干两小时,放入干燥器冷却至室温,准确称取 0.6~0.7 g K$_2$Cr$_2$O$_7$于小烧杯中,加水溶解后转移至 250mL 容量瓶中,用水稀释至刻度,摇匀,计算 K$_2$Cr$_2$O$_7$的浓度。
2. FeSO$_4$中铁含量的测定　准确吸取 FeSO$_4$溶液 5mL 于锥形瓶中,加入 2mL 硫酸-磷酸混合酸,1 滴(约 0.05mL)二苯胺磺酸钠指示剂,立即用 K$_2$Cr$_2$O$_7$标准溶液滴定至溶液呈紫蓝色(紫红色)即为终点,平行测定 3 份,计算试液中 Fe^{2+}的质量浓度 $\rho_{Fe^{2+}}$(g·L^{-1})。

五、思 考 题

1. 重铬酸钾滴定 Fe^{2+}之前,为什么要加硫酸-磷酸混合酸?
2. 加入硫酸、磷酸混合酸后为何要立即滴定?

实验十三　邻二氮菲吸光光度法测定铁

一、实 验 目 的

1. 掌握邻二氮菲分光光度法测定铁的原理。
2. 学会可见分光光度计的正确使用。
3. 熟悉绘制吸收曲线的方法,正确选择测定波长。
4. 学会制作标准曲线的方法。

二、实 验 原 理

邻二氮菲(又称邻菲罗啉)是测定微量铁的较好试剂。在 pH=2~9 的溶液中,试剂与 Fe^{2+}生成稳定的红色配合物,$\log K_f$=21.3,摩尔吸光系数 ε_{510}=1.1 × 10^4,其反应式如下:

生成的红色配合物的最大吸收峰在 510 nm 处。本方法的选择性很高,相当于含铁量 40 倍的 Sn^{2+}、Al^{3+}、Ca^{2+}、Mg^{2+}、Zn^{2+}、SiO_3^{2-},20 倍的 Cr^{3+}、Mn^{2+}、$V(V)$、PO_4^{3-},5 倍的 Cu^{2+}、Co^{2+} 等均不干扰测定。Fe^{3+} 也能与邻二氮菲反应生成淡蓝色配合物,因此,在显色前,首先用盐酸羟胺把 Fe^{3+} 离子还原为 Fe^{2+} 离子,其反应式如下

$$4Fe^{3+} + 2NH_2OH \cdot HCl \rightarrow 2Fe^{2+} + N_2 \uparrow + 2H_2O + 4H^+ + 2Cl^-$$

测定时,pH 控制在 5 左右,酸度高时,反应进行较慢,酸度太低,则 Fe^{2+} 离子水解,影响显色。

邻二氮菲亚铁配合物浓度在 $5.0\ mg \cdot L^{-1}$ 以内时,溶液的吸光度与其浓度呈直线关系,根据吸收定律,可利用标准曲线进行定量测定。

三、仪器和药品

1. 仪器　721(或 722)分光光度计,10mL 移液管,50mL 容量瓶,1cm 比色皿。
2. 药品　铁标准溶液:含铁 $0.1mg \cdot mL^{-1}$,准确称取 $0.2158g$ 的 $NH_4Fe(SO_4)_2 \cdot 12H_2O$,置于烧杯中,加入 5mL 1:1HCl 和少量水,溶解后,定量地转移至 250mL 容量瓶中,以水稀释之刻度,摇匀;0.15% 邻二氮菲新配制的水溶液;10% 盐酸羟胺水溶液(临时配制);$1mol \cdot L^{-1}$ 醋酸钠溶液;$6mol \cdot L^{-1}$ HCl。

四、实　验　步　骤

1. 吸收曲线的制作和测量波长的选择　用吸量管吸取 0.0,1.0mL 铁标准溶液,分别注入两个 50mL 容量瓶中,各加入 1mL 盐酸羟胺溶液,混匀,放置 2min,加入 2mL 邻二氮菲和 5mL NaAc,用水稀释至刻度,摇匀。用 1cm 比色皿,以试剂空白(即 0.0mL 铁标准溶液)为参比溶液,在 440~560nm 之间,每隔 10nm 测一次吸光度,在最大吸收峰附近,每隔 5nm 测定一次吸光度。在坐标纸上,以波长 λ 为横坐标,吸光度 A 为纵坐标,绘制 A 和 λ 关系的吸收曲线。从吸收曲线上选择测定 Fe 的适宜波长,一般选用最大吸收波长 λ_{max}。

2. 标准曲线的制作　用移液管吸取 $100\mu g \cdot mL^{-1}$ 铁标准溶液 10mL 于 100mL 容量瓶中,加入 2mL $2mol \cdot L^{-1}$ 的 HCl,用水稀释至刻度,摇匀。此溶液每毫升含 Fe^{2+} $10\mu g$。

在 6 个 50mL 比色管中,用吸量管分别加入 0.0,2.0,4.0,6.0,8.0,10.0mL $10\mu g \cdot mL^{-1}$ 铁标准溶液,分别加入 1mL 盐酸羟胺,2mL Phen,5mL NaAc 溶液,每加一种试剂后摇匀。然后,用水稀释至刻度,摇匀后放置 10min。用 1cm 比色皿,以试剂为空白(即 0.0mL 铁标准溶液),在所选择的波长下,测量各溶液的吸光度。以含铁量为横坐标,吸光度 A 为纵坐标,绘制标准曲线。

3. 试样中铁的测定　用吸量管吸取 5.00mL 未知液于 50mL 容量瓶中,其他步骤均同上,测定其吸光度。据未知液的吸光度,在标准曲线上查出 5.00mL 未知液中的铁含量,并以每毫升未知液中含铁微克数表示。

$$Fe\ 的含量(\mu g \cdot mL^{-1}) = \frac{从标准曲线上查出的铁的微克数}{5.00}$$

五、数据记录与处理

数据记录与处理见表 9-3。

表 9-3　分光光度计型号_____ 波长_____

容量瓶编号	标准溶液（$10\mu g \cdot mL^{-1}$）						未知液
	1	2	3	4	5	6	7
吸取的体积/mL	0	2.0	4.0	6.0	8.0	10.0	5.0
吸光度/A							
总含铁量/mg							

六、思　考　题

1. 吸收曲线与标准曲线有何区别？各有何实际意义？

2. 本实验中盐酸羟胺、醋酸钠的作用各是什么？

3. 本实验中哪些试剂应准确加入，哪些不必严格准确加入？为什么？

4. 配制 $NH_4Fe(SO_4)_2 \cdot 12H_2O$ 溶液时，能否直接用水溶解？为什么？

5. 何谓"吸收曲线"、"工作曲线"？绘制及目的各有什么不同？

附　721 型分光光度计的使用

721 型分光光度计的外形如图 9-1 所示。

1. 在使用仪器之前，应了解仪器的结构和性能，认真阅读使用说明。721 型分光光度计的操作步骤如下

（1）仪器在接通电源之前，应检查微安表指针是否指透光率"0"位，不在零位可调节零点校正螺丝，使指针位于透光率"0"位。

（2）接通电源，打开电源开关，打开吸收池暗箱盖，用波长调节旋钮选择需用的单色波长，将灵敏度调至"1"档，调节"0"透光率调节器使电表指针指向透光率"0"位。

（3）盖上吸收池暗箱盖，将盛有参比溶液或蒸馏水的吸收池推入光路，旋转"100%"透光率调节器，使指针指到透光率满刻度位置，在此状态下预热 20min。

（4）预热后，连续几次调整"0"和"100%"，当指针稳定后即可进行测定工作。

（5）将盛待测溶液的吸收池推入光路，读取吸光度值，重复操作 1~2 次，求读数平均值，作为测定的数据。

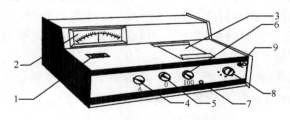

图 9-1　分光光度计的使用

1. 波长读数盘；2. 电表；3. 比色皿暗盒箱；4. 波长调节；5. "0"透光率调节；6. "100%"透光率调节；7. 比色皿架拉杆；8. 灵敏度选择；9. 电源开关

2. 仪器使用注意事项

（1）灵敏度应尽可能选择较低档，以使仪器具有较高稳定性。选择灵敏度档的原则是：当参比溶液进入光路时，应能调节至透光率为"100%"。

（2）根据溶液含量的不同可以酌情选用不同规格光径长度的比色皿，使吸光度读数处于 0.2~0.8 之内。

（3）仪器连续使用不应超过 2h，最好间歇 0.5h 后继续使用。

（4）当仪器停止工作时，必须切断电源，把开关关上。

（5）要防止仪器受潮。

3. 比色皿的使用

（1）使用时,用手捏住比色皿的毛玻璃面,切勿触及透光面,以免透光面被玷污或磨损。

（2）待测液加至比色皿约 3/4 高度处为宜。

（3）在测定一系列溶液的吸光度时,通常都是按由稀到浓的顺序进行。使用的比色皿必须先用待测溶液润洗 2~3 次。

（4）比色皿外壁的液体用吸水纸吸干。

（5）清洗比色皿时,一般用蒸馏水冲洗。如比色皿被有机物玷污,可用盐酸-乙醇混合液(1∶2)浸泡片刻,再用蒸馏水冲洗。不能用碱液或强氧化性洗涤剂清洗,也不能用毛刷刷洗,以免损伤比色皿。

实验十四　　电位法测定 pH

一、实 验 目 的

1. 了解酸度计构造、原理和使用方法。
2. 了解试液 pH 的测定方法。

二、实 验 原 理

指示电极(玻璃电极)与参比电极(饱和甘汞电极)插入被测溶液组成原电池:

$Ag \mid AgCl, HCl(0.1mol \cdot L^{-1})$ 玻璃模 $\mid H^+(x) \mid \mid KCl(饱和), Hg_2Cl_2 \mid Hg$

　　　　玻璃电极　　　　　　　被测液　　　　　甘汞电极

在一定条件下,测得电池电动势 E 是 pH 的直线函数

$$E = K + 0.059pH(25℃)$$

由测得电动势就能计算出被测溶液的 pH,但因上式中 K 值是由内、外参比电极电位及难于计算的不对称电位和液接电位所决定的常数,实际 K 不易求得,因此在实际工作中,用酸度计测定溶液 pH 时,首先必须用已知 pH 的标准溶液来校正酸度计(也叫定位)。常用的标准缓冲液有:酒石酸氢钾饱和溶液(pH = 3.56 25℃),0.05 mol · L^{-1}邻苯二甲酸氢钾(pH=6.88)及 0.01 mol · L^{-1}硼砂溶液(pH=9.23)。校正电位时,应选用与被测溶液 pH 接近的标准缓冲液,以减少在测量过程中由于液接电位、不对称电位及温度变化引起的误差。一支电极应用两种不同 pH 的缓冲液校正。即在用一种 pH 的缓冲液定位后,测第二种缓冲液的 pH 时,误差应在 ΔpH=0.05 范围内。

三、仪器和药品

1. 仪器　pH-25 型(或 pHS-2 型;pHS-3C 型等)酸度计,饱和甘汞电极,pH 玻璃电极(或玻璃-甘汞复合电极),烧杯(50mL)。

2. 药品　KCl(饱和),未知酸碱试样,标准缓冲溶液(pH=4.00,pH=6.86,pH=9.18)。

四、操作步骤

1. 接线　将准备好的玻璃电极和饱和甘汞电极(或复合电极)与酸度计接好。

2. 调零　接通电源,打开电源开关,仪器预热至稳定(约30min)。调节好零点。

3. 定位　将两电极(复合电极)放入所选标准缓冲溶液内(标准缓冲溶液的pH应与被测试液pH相近)校正之。

4. 测量　将两电极(或复合电极)取出,洗净吸干后插入被测试液中。轻摇烧杯以加速达到平衡约2~3min后,按下读数开关,读出被测试液的pH。

5. 结束　测量完毕后,关闭电源开关。要小心清洗电极。将甘汞电极下端的橡皮帽套上、加液口的橡皮塞塞好后置电极盒中保存。玻璃电极可放入蒸馏水中浸泡,以备再用;若长期不用,应置电极盒中保存。

五、数据处理

数据处理资料见表9-4。

表9-4　酸度计测定溶液的pH

溶液	pH
未知酸性溶液	
未知碱性溶液	

六、注意事项

1. 试剂的配制

(1) pH=4.00的标准缓冲溶液(0.05 mol·L^{-1}邻苯二甲酸氢钾溶液,25℃)。称取10.21g邻苯二甲酸氢钾(KHC$_8$H$_4$O$_4$),溶于不含CO$_2$的蒸馏水中,在容量瓶中稀释至1L,摇匀贮于塑料瓶中。在精密的测定工作中,应预先将邻苯二甲酸氢钾在115℃下烘干2~3h。

(2) pH=6.86的标准缓冲溶液(0.025 mol·L^{-1}磷酸二氢钾与0.025 mol·L^{-1}磷酸氢二钾混合液,25℃)。将磷酸二氢钾(KH$_2$PO$_4$,)与磷酸氢二钾(K$_2$HPO$_4$)在115℃下烘干2~3h,冷却至室温。称取3.40g KH$_2$PO$_4$和3.55g K$_2$HPO$_4$溶于不含CO$_2$的蒸馏水中,在容量瓶中稀释至1L,摇匀,贮于塑料瓶中。

(3) pH=9.18的标准缓冲溶液(0.01 mol·L^{-1}硼砂溶液, 25℃)。称取3.80g硼砂(NaB$_4$O$_7$10·H$_2$O,),溶于不含CO$_2$的蒸馏水中,在容量瓶中稀释至1L,摇匀,储存于塑料瓶中。

以上3种标准缓冲溶液一般可以保存2个月。但如发现有混浊、发霉等现象时,则不能继续使用。

2. 电极的使用

(1) 新玻璃电极或久置不用的玻璃电极,在使用前应在蒸馏水中浸泡24~48h,玻璃电极如若老化或性能太差,则应更换电极。

(2) 测量时,应将饱和甘汞电极上下端的橡皮塞、橡皮套拔去。电极不用时,应用橡皮套将下端套住,用橡皮塞将上端小孔塞住,以免KCl溶液流失。若KCl溶液流失较多时,应通过电极上端小孔补充饱和 KCl 溶液。

（3）电极插入溶液后,要得到稳定的读数需要一定的稳定时间,其时间长短因各电极的性能而异。为加快测定时间,一般选用磁力搅拌。

七、思　考　题

1. 测定 pH 时,为什么要选用 pH 与待测溶液的 pH 相近的标准缓冲溶液来定位?

2. 在测定溶液的 pH 时,既然有用标准缓冲溶液"定位"这一操作步骤,为什么在酸度计上还要有温度补偿装置?

3. 使用玻璃电极测量溶液 pH 时,应匹配何种类型的电位计?

附　PHS-3C 型酸度计的使用

酸度计的结构见图 9-2。

1. 开机前准备

（1）电极梗 16 旋入电极梗插座,电极夹 17 夹在电极梗上。

（2）复合电极 18 夹在电极夹 17 上,拔下电极 18 前端的电极套 19。

（3）用蒸馏水清洗电极,清洗后用滤纸吸干。

2. 开机

（1）电源线插入电源插座。

（2）按下电源开关 12,电源接通后,预热 30min。

3. 标定

（1）打开电源开关,按"pH/MV"按钮,使仪器进入 pH 测量状态。

（2）按"温度"键使显示为溶液温度值（此时温度指示灯亮）,然后按"确认"键,仪器确定溶液温度后回到 pH 测量状态。

（3）把用蒸馏水清洗过的电极插入

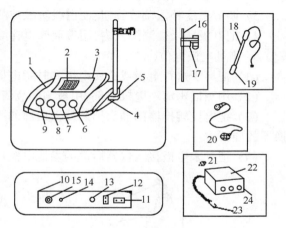

图 9-2　酸度计

1. 机箱盖;2. 显示屏;3. 面板;4. 机箱底;5. 电极梗插座;6. 定位调节旋钮;7. 斜率补偿调节旋钮;8. 温度补偿调节旋钮;9. 选择开关旋钮;10. 仪器后面板;11. 电源插座;12. 电源开关;13. 保险丝;14. 参比电极拉口;15. 测量电极插座;16. 电极梗;17. 电极夹;18. E-201-C-9 型塑壳可充式 pH 复合电极;19. 电极套;20. 电源线;21. Q9 短路插头;22. 电极转换器（选购）;23. 转换器插头;24. 转换器插座

pH＝6.86 的标准溶液中,待读数稳定后按"定位"键（此时 pH 指示灯慢闪烁,表明仪器在定位标定状态）使读数为该溶液当前温度下的 pH。

（4）把用蒸馏水清洗过的电极插入 pH＝4.00（或 pH＝9.18）的标准溶液中,待读数稳定后按"斜率"键（此时 pH 指示灯快闪烁,表明仪器在斜率标定状态）使读数为该溶液当时的 pH,然后按"确认"键,仪器进入 pH 测量状态,pH 指示灯停止闪烁,标定完成。

（5）注意事项

1）如果标定过程中操作失败或按键错误而使仪器测量不正常,可关闭电源,然后按住"确认"键再开启电源,使仪器恢复初始状态。然后重新标定。

2）标定后,"定位"键及"斜率"键不能再按,如果触动此键,此时仪器 pH 指示灯闪烁,请不要按"确认"键,而是按"pH/MV"键,使仪器重新进入 pH 测量即可,而无须再进行标定。

3)标定的缓冲溶液一般第一次用 pH=6.86,第二次用接近溶液的 pH 的缓冲液,如果被测溶液为酸性时,缓冲液应选 pH=4.00;如被测溶液为碱性则选 pH=9.18 的缓冲液。一般情况下,在 24h 内仪器不需再标定。

4. 测量溶液的 pH　经标定过的仪器,即可用来测量被测溶液,被测溶液与标定溶液温度相同与否,测量步骤也有所不同。

(1)被测溶液与定位溶液温度相同时,测量步骤如下:

1)用蒸馏水清洗电极头部,用被测溶液清洗一次。

2)把电极浸入被测溶液中,用玻璃棒搅拌溶液,使溶液均匀,在显示屏上读出溶液 pH。

(2)被测溶液和定位溶液温度不同时,测量步骤如下:

1)用蒸馏水清洗电极头部,用被测溶液清洗一次。

2)用温度计测出被测溶液的温度值。

3)调节温度补偿调节旋钮,使白线对准被测溶液的温度值。

4)把电极插入被测溶液内,用玻璃棒搅拌溶液,使溶液均匀后读出该溶液的 pH。

5. 测量电极电位(mV)值

(1)把离子选择电极或金属电极和甘汞电极夹在电极架上。

(2)用蒸馏水清洗电极头部,用被测溶液清洁一次。

(3)把电极转换器的插头插入仪器后部的测量电极插座内;把离子电极的插头插入转换器的插座内。

(4)把甘汞电极接入仪器后部的参比电极接口上。

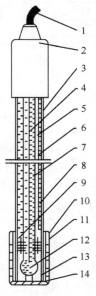

图 9-3　复合电极

1. 电极导线;2. 电极帽;3. 电极塑壳;4. 内参比电极;5. 外参比电极;6. 电极支持杆;7. 内参比溶液;8. 外参比溶液;9. 液接面;10. 密封圈;11. 硅胶圈;12. 电极球泡;13. 球泡护罩;14. 护套

(5)把两种电极插在被测溶液内,将溶液搅拌均匀后,即可在显示屏上读出该离子选择电极的电极电位(mV 值),还可自动显示正负极性。

(6)如果被测信号超出仪器的测量范围或测量端开路时,显示屏会不亮,作超载报警。

复合电极

实验室使用复合电极的优点是使用方便,不受氧化性或还原性物质的影响,且平衡速度较快。使用时,将电极加液口上所套的橡胶套和下端的橡皮套全取下,以保持电极内氯化钾溶液的液压差。下面就把电极的使用与维护简单作一介绍:

1. 结构　内参比溶液是零电位等于 7 的含有 Cl⁻ 的电解质溶液为中性磷酸盐和氯化钾的混合溶液。外参比溶液为 3~3.3 mol·L⁻¹ 的 KCl 溶液,如图 9-3。

2. 电极使用维护的注意事项

（1）电极在测量前必须用已知 pH 的标准缓冲溶液进行定位校准,其值愈接近被测值愈好。

（2）取下电极套后,应避免电极的敏感玻璃泡与硬物接触,因为任何破损或擦毛都使电极失效。

（3）测量后,及时将电极保护套套上,套内应放少量补充液以保持电极球泡的湿润,切忌浸泡在蒸馏水中。

（4）复合电极的外参比补充溶液为 3 mol·L⁻¹氯化钾溶液,补充液可以从电极上端小孔加入。

（5）电极的引出端必须保持清洁干燥,绝对防止输出两端短路,否则将导致测量失准或失效。

（6）电极应与输入阻抗较高的酸度计(≥10¹²Ω)配套,以使其保持良好的特性。

（7）电极应避免长期浸在蒸馏水、蛋白质溶液和酸性氟化物溶液中。

（8）电极避免与有机硅油接触。

（9）电极经长期使用后,如发现斜率略有降低,则可把电极下端浸泡在 4% HF(氢氟酸)中数秒钟,用蒸馏水洗净,然后在 0.1 mol·L⁻¹盐酸溶液中浸泡,使之复新。

（10）被测溶液中如含有易污染敏感球泡或堵塞液接界的物质而使电极钝化,会出现斜率降低现象,显示读数不准。如发生该现象,则应根据污染物质的性质,用适当溶液清洗,使电极复新。

注:选用清洗剂时,不能用四氯化碳、三氯乙烯、四氢呋喃等,能溶解聚碳酸树脂的清洗液,因为电极外壳是用聚碳酸树脂制成的,其溶解后极易污染敏感玻璃球泡,从而使电极失效。也不能用复合电极去测上述溶液。

实验十五　槐花中芦丁的含量测定

一、实 验 目 的

1. 通过实验掌握使用分光光度计的方法。
2. 掌握黄酮类化合物含量的测定方法。

二、实 验 原 理

当光照射被测物质溶液时,在一定范围内,被测物质的吸光度与该物质的浓度和比色皿的厚度成正比,符合比色原理——比耳定律。

$$T = I/I_0$$
$$\log I_0 / I = KcL$$
$$A = KcL$$

式中:T 为透射比;I_0 为入射光强度;I 为透射光强度;A 为吸光度;K 为吸收系数;L 为溶液的光径长度;c 为溶液浓度。

从以上公式可看出,当入射光,吸收系数和溶液的光径长度不变时透过光是随溶液的浓度而变化的。在可见光区,除一些有色物质对光有吸收外,很多物质本身无吸收,但在一定条件下,加入适当的显色剂使其显色,然后再进行测定。

三、仪器和药品

1. 仪器　Ⅲ型分光光度计,电子天平,2mL 移液管,25mL 容量瓶,圆底烧瓶,回流冷凝管。
2. 药品　芦丁标准品,5%亚硝酸钠溶液,10%硝酸铝溶液,4%氢氧化钠溶液。

四、实 验 内 容

1. 芦丁标准溶液的配制　精密称取在 120℃ 干燥至恒重的芦丁 10mg 置于 50mL 容量瓶中,加甲醇溶解并用甲醇稀释至刻度,摇匀,备用(1mL 含芦丁 0.2mg)。

2. 标准曲线的绘制　精密吸取芦丁对照品溶液 0.0mL,1.0mL,2.0mL,3.0mL,4.0mL,5.0mL,6.0mL 分别置于 25mL 容量瓶中,各加 6mL 水,加 5%亚硝酸钠溶液 1mL,摇匀,放置 6min,加 10%硝酸铝溶液 1mL,摇匀放置 6min,加 4%氢氧化钠溶液 10mL 再加水至刻度,摇匀,放置 15min,以 0.0mL 瓶为空白,用 722 型分光光度计在 500nm 处测吸光度,以吸光度为纵坐标,浓度为横坐标,绘制标准曲线。可得到通过原点的直线-标准曲线。

3. 样品液的制备　精密称取槐花粉末(约 20 目)0.5g,加 20mL 石油醚置于水浴中回流脱脂,用 95%乙醇回流提取 3 次,滤液定容至 100mL,备用。

4. 样品中总黄酮的含量测定　精密吸取样品液 1.0mL 置于 25mL 容量瓶中,加 6mL 水,按标准曲线绘制项下方法测定吸光度,计算含量。

五、思 考 题

1. 测定吸收曲线时,每改变一次入射光波长,是否均需用参比液重新调整仪器?
2. 同种比色皿透光性的差异对测定有何影响?

第五部分

综合研究性实验

第十章 综合研究性实验

综合研究性实验是把物质的制备、提取、分离、提纯、有关物理性质、化学性质和含量的测定等内容归纳在一起的实验。学生通过查阅文献、设计方案、实验操作等环节的训练,既能巩固基础知识和基本技能,又能提高综合动手能力和创新能力。

本部分实验要求学生在查阅文献的基础上,根据实际需要按照半微量或微量形式设计实验方案,精选实验方法,尽可能不用或少用有毒的原料,充分利用原材料,减少"三废"的产生,以达到建立绿色化学理念、培养学生树立化学实验微型化及绿色化的意识。

实验一 蛋壳中钙、镁、铝、铁的分离和鉴定

一、实 验 目 的

1. 了解蛋壳中的主要成分。
2. 学会蛋壳中金属元素的分离和鉴定方法。
3. 学习原子吸收分光光度计的操作。

二、实 验 要 求

1. 设计出从蛋壳中分离和鉴定金属元素的方案。
2. 对 Ca、Mg、Al、Fe 进行鉴定和含量测定。

实验二 紫菜中碘元素的分离和鉴定

一、实 验 目 的

掌握从紫菜中分离和鉴定碘元素的方法。

二、实 验 要 求

1. 设计从紫菜中分离碘元素的实验方案。
2. 鉴定碘元素和测定碘元素的含量。

实验三 由废弃的锌锰干电池制取硫酸锰铵复盐

一、实 验 目 的

1. 学习由废弃的锌锰干电池中提取有用物质的方法。

2. 掌握除 Fe(Ⅲ)的方法。

3. 增强学生环保意识,变废为宝。

二、实验要求

1. 写出从废弃锌锰干电池中提取锌、锰和制备硫酸锰铵的方案。

2. 学会除去 Fe^{3+} 离子而又不引入新的杂质的方法。

实验四　茶叶中部分元素的分离及鉴定

一、实验目的

1. 了解从茶叶中分离金属元素和非金属元素的方法。

2. 掌握茶叶中 Mg、Ca、Fe、Zn 和 P 元素的鉴定方法。

二、实验要求

1. 写出从植物中分离和鉴定金属元素和非金属元素的实验原理。

2. 设计 Mg、Ca、Fe、Zn、P 元素的分离及鉴定方案。

3. 熟悉原子吸收分光光度计的操作。

实验五　新鲜蔬菜中胡萝卜素的提取、分离和测定

一、实验目的

1. 学会从新鲜蔬菜中提取、分离和测定胡萝卜素的原理和方法。

2. 学习柱层析和可见分光光度计的操作。

二、实验要求

1. 写出从蔬菜中提取和分离胡萝卜素的原理。

2. 制定胡萝卜素提取、分离和测定的可行性方案。

实验六　从猪血中提取 SOD 和凝血酶

一、实验目的

1. 了解蛋白质提取、分离、纯化的特性。

2. 掌握离心分离、树脂分离提纯等基本操作。

3. 学习 SOD 和凝血酶的测定方法。

二、实 验 要 求

1. 写出从动物血中提取、分离 SOD 和凝血酶的实验原理。
2. 设计提取、纯化、浓缩、干燥 SOD 或凝血酶的实验方案。
3. 制备精品 SOD 或凝血酶。
4. 测定 SOD 和凝血酶的纯度。

实验七　废水中化学耗氧量、可溶性磷酸盐和总磷的测定

一、实 验 目 的

1. 了解表示水质污染程度的主要指标。
2. 掌握水中化学耗氧量、可溶性磷酸盐和总磷的测定方法。
3. 掌握可见分光光度计的操作及分析方法。

二、实 验 要 求

1. 写出废水中化学耗氧量、可溶性磷酸盐和总磷的测定原理和方案。
2. 对废水中的化学耗氧量、可溶性磷酸盐和总磷进行测定。

实验八　毛发中胱氨酸的提取和鉴定

一、实 验 目 的

1. 了解从毛发中提取胱氨酸的原理和方法。
2. 掌握红外光谱仪的操作和分析方法。
3. 强化学生环保意识,变废为宝。

二、实 验 要 求

1. 设计出从毛发中提取胱氨酸的实验方案。
2. 测定样品的旋光度及红外光谱。

实验九　HCl-NH$_4$Cl 混合溶液中各组分含量的测定

一、实 验 目 的

1. 培养学生查阅有关书刊的能力。
2. 运用所学的理论知识和有关参考资料对实际试样设计分析实验方案。
3. 在教师的指导下对样品体系的组成含量进行分析,以培养学生分析问题和解决问题的能力,同时提高科学研究素质。

二、实验要求

1. 复习有关理论知识,设计 HCl-NH_4Cl 混合溶液中各组分含量的测定方案。
2. 对 HCl-NH_4Cl 混合溶液中各组分进行含量测定。

实验十　醇、酚、醛、酮、羧酸等有机物的鉴别分析

一、实验目的

1. 通过本实验全面复习醇、酚、醛、酮和羧酸及其衍生物的主要化学性质。
2. 应用所学的理论知识和操作技术,独立设计未知有机物的鉴别分析实验方案。

二、实验要求

1. 复习有关醇、酚、醛、酮、羧酸及其衍生物的化学性质,根据各组化合物的性质,提出鉴别化学试剂的分析方案。

（1）实验室提供的化学试剂:2.4-二硝基苯肼,2% $AgNO_3$,10% $NaOH$,斐林试剂 A,斐林试剂 B,1% $CuSO_4$,2% 氨水,5% Na_2CO_3,I_2—KI 溶液,0.5% $KMnO_4$,卢卡斯试剂,1% $FeCl_3$,刚果红试纸。

（2）用化学方法鉴别下列各组化合物

A 组：　甲醛　乙醛　丙酮　苯甲醛　乙醇

B 组：　正丁醇　异丙醇　叔丁醇　甘油

C 组：　丙酮　甲酸　乙酸　乙酰乙酸乙酯

D 组：　草酸　尿素　苯甲酸　间-苯二酚(固)

2. 所设计的实验方案经指导老师审阅后,对所给各组有机化合物进行鉴别。

参 考 文 献

北京师范大学无机化学教研室编.1991.无机化学实验.北京:高等教育出版社

蔡炳新,陈贻文.2001.基础化学实验.北京:科学出版社

陈焕光,李焕然,张大.1998.分析化学实验.第2版.广州:中山大学出版社

赫春香.2000.微型定量分析化学实验.大连:大连海事大学出版社

侯士聪.2006.基础有机化学实验.北京:中国农业大学出版社

吉卯祉,葛正华.2002.有机化学实验.北京:科学出版社

李霁良.2003.微型半微型有机化学实验.北京:高等教育出版社

刘约全,李贵深.1998.实验化学.北京:高等教育出版社

潘祖亭,曾百肇,蔡凌霜.2001.无机及分析化学实验.第2版.武汉:武汉大学出版社

孙英,王春娜.2004.普通化学实验.北京:中国农业大学出版社

铁步荣,闫静,吴巧凤.2004.无机化学实验.北京:科学出版社

王少亭.2004.大学基础化学实验.北京:高等教育出版社

吴茂英,肖楚民.2006.微型无机化学实验.北京:化学工业出版社

吴茂英,余倩.2013.微型无机及分析化学实验.北京:化学工业出版社

贤景春,刘宗瑞,李增春.2000.微型化学实验.呼和浩特:内蒙古教育出版社

曾昭琼.2000.有机化学实验.第3版.北京:高等教育出版社

赵士铎.2001.定量分析简明教程.北京:中国农业大学出版社

赵士铎.2008.定量分析简明教程.第2版.北京:中国农业大学出版社

赵士铎.2008.定量分析实验.北京:中国农业大学出版社

周宁怀.2000.微型无机化学实验.北京:科学出版社

周宁怀,王德琳.1999.微型有机化学实验.北京:科学出版社

朱洪军.2007.有机化学微型实验.第2版.北京:化学工业出版社

附　录

附录一　国际相对原子质量表

名称	符号	相对原子质量	名称	符号	相对原子质量	名称	符号	相对原子质量
氢	H	1.00794	钴	Co	58.933200	碘	I	126.90447
氦	He	4.002602	镍	Ni	58.6934	氙	Xe	131.29
锂	Li	6.941	铜	Cu	63.546	铯	Cs	132.90543
铍	Be	9.012182	锌	Zn	65.39	钡	Ba	137.327
硼	B	10.811	镓	Ga	69.723	镧	La	138.9055
碳	C	12.0107	锗	Ge	72.61	铈	Ce	140.116
氮	N	14.00674	砷	As	74.92160	镨	Pr	140.90765
氧	O	15.9994	硒	Se	78.96	钕	Nd	144.23
氟	F	18.9984032	溴	Br	79.904	钷	Pm	（145）
氖	Ne	20.1797	氪	Kr	83.80	钐	Sm	150.36
钠	Na	22.989770	铷	Rb	85.4678	铕	Eu	151.964
镁	Mg	24.3050	锶	Sr	87.62	钆	Gd	157.25
铝	Al	26.981538	钇	Y	88.90585	铽	Tb	158.92534
硅	Si	28.0855	锆	Zr	91.224	镝	Dy	162.50
磷	P	30.973761	铌	Nb	92.90638	钬	Ho	164.93032
硫	S	32.066	钼	Mo	95.94	铒	Er	167.26
氯	Cl	35.4527	锝	Tc	（98）	铥	Tm	168.93421
氩	Ar	39.948	钌	Ru	101.07	镱	Yb	173.04
钾	K	39.0983	铑	Rh	102.90550	镥	Lu	174.967
钙	Ca	40.078	钯	Pd	106.42	铪	Hf	178.49
钪	Sc	44.955910	银	Ag	107.8682	钽	Ta	180.9479
钛	Ti	47.867	镉	Cd	112.411	钨	W	183.84
钒	V	50.9415	铟	In	114.818	铼	Re	186.207
铬	Cr	51.9961	锡	Sn	118.710	锇	Os	190.23
锰	Mn	54.938049	锑	Sb	121.760	铱	Ir	192.217

名称	符号	相对原子质量	名称	符号	相对原子质量	名称	符号	相对原子质量
铁	Fe	55.845	碲	Te	127.60	铂	Pt	195.078
金	Au	196.96655	钍	Th	232.0381	钔	Md	(258)
汞	Hg	200.59	镤	Pa	231.03588	锘	No	(259)
铊	Tl	204.3833	铀	U	238.0289	铹	Lr	(262)
铅	Pb	207.2	镎	Np	(237)	𬬻	Rf	(261)
铋	Bi	208.98038	钚	Pu	(244)	𬭊	Db	(262)
钋	Po	(209)	镅	Am	(243)	𬭳	Sg	(263)
砹	At	(210)	锔	Cm	(247)	𬭛	Bh	(262)
氡	Rn	(222)	锫	Bk	(247)	𬭶	Hs	(265)
钫	Fr	(223)	锎	Cf	(251)	𬭌	Mt	(266)
镭	Ra	(226)	锿	Es	(252)			
锕	Ac	(227)	镄	Fm	(257)			

摘自 Lide D R.Handbook of Chemistry and Physics.78 th Ed,CRC PRESS,1997~1998

附录二　常用缓冲溶液的配制方法

1. 甘氨酸-盐酸缓冲液(0.05mol/L)

X mL 0.2mol/L 甘氨酸+Y mL 0.2mol/L HCl,再加水稀释至 200mL

pH	X	Y	pH	X	Y
2.0	50	44.0	3.0	50	11.4
2.4	50	32.4	3.2	50	8.2
2.6	50	24.2	3.4	50	6.4
2.8	50	16.8	3.6	50	5.0

注:甘氨酸分子量 = 75.07,0.2mol/L 甘氨酸溶液含 15.01g/L

2. 邻苯二甲酸-盐酸缓冲液(0.05mol/L)

X mL 0.2mol/L 邻苯二甲酸氢钾 +Y mL 0.2mol/L HCl,再加水稀释到 20mL

pH(20℃)	X	Y	pH(20℃)	X	Y
2.2	5	4.070	3.2	5	1.470
2.4	5	3.960	3.4	5	0.990
2.6	5	3.295	3.6	5	0.597
2.8	5	2.642	3.8	5	0.263
3.0	5	2.022			

注:邻苯二甲酸氢钾分子量 = 204.23,0.2mol/L 邻苯二甲酸氢钾溶液含 40.85g/L

3. 磷酸氢二钠-枸橼酸缓冲液（0.2mol/L）

pH	0.2mol/L Na$_2$HPO$_4$ (mL)	0.1mol/L 枸橼酸(mL)	pH	0.2mol/L Na$_2$HPO$_4$ (mL)	0.1mol/L 枸橼酸(mL)
2.2	0.40	10.60	5.2	10.72	9.28
2.4	1.24	18.76	5.4	11.15	8.85
2.6	2.18	17.82	5.6	11.60	8.40
2.8	3.17	16.83	5.8	12.09	7.91
3.0	4.11	15.89	6.0	12.63	7.37
3.2	4.94	15.06	6.2	13.22	6.78
3.4	5.70	14.30	6.4	13.85	6.15
3.6	6.44	13.56	6.6	14.55	5.45
3.8	7.10	12.90	6.8	15.45	4.55
4.0	7.71	12.29	7.0	16.47	3.53
4.2	8.28	11.72	7.2	17.39	2.61
4.4	8.82	11.18	7.4	18.17	1.83
4.6	9.35	10.65	7.6	18.73	1.27
4.8	9.86	10.14	7.8	19.15	0.85
5.0	10.30	9.70	8.0	19.45	0.55

注：Na$_2$HPO$_4$分子量 = 14.98，0.2mol/L 溶液为 28.40g/L

Na$_2$HPO$_4$·2H$_2$O 分子量 = 178.05，0.2mol/L 溶液含 35.01g/L

C$_4$H$_2$O$_7$·H$_2$O 分子量 = 210.14，0.1mol/L 溶液为 21.01g/L

4. 枸橼酸-氢氧化钠-盐酸缓冲液

pH	钠离子浓度 (mol/L)	枸橼酸(g) C$_6$H$_8$O$_7$·H$_2$O	氢氧化钠(g) NaOH 97%	盐酸(mL) HCl(浓)	最终体积(L)[①]
2.2	0.20	210	84	160	10
3.1	0.20	210	83	116	10
3.3	0.20	210	83	106	10
4.3	0.20	210	83	45	10
5.3	0.35	245	144	68	10
5.8	0.45	285	186	105	10
6.5	0.38	266	156	126	10

①使用时可以每升中加入 1g 苯酚，若 pH 有变化，再用少量 50% 氢氧化钠溶液或浓盐酸调节，冰箱保存

5. 枸橼酸-枸橼酸钠缓冲液（0.1mol/L）

pH	0.1 mol/L 枸橼酸(mL)	0.1 mol/L 枸橼酸钠(mL)	pH	0.1 mol/L 枸橼酸(mL)	0.1 mol/L 枸橼酸钠(mL)
3.0	18.6	1.4	4.2	12.3	7.7
3.2	17.2	2.8	4.4	11.4	8.6
3.4	16.0	4.0	4.6	10.3	9.7
3.6	14.9	5.1	4.8	9.2	10.8
3.8	14.0	6.0	5.0	8.2	11.8
4.0	13.1	6.9	5.2	7.3	12.7

续表

pH	0.1mol/L 枸橼酸(mL)	0.1mol/L 枸橼酸钠(ml)	pH	0.1mol/L 枸橼酸(mL)	0.1mol/L 枸橼酸钠(mL)
5.4	6.4	13.6	6.2	2.8	17.2
5.6	5.5	14.5	6.4	2.0	18.0
5.8	4.7	15.3	6.6	1.4	18.6
6.0	3.8	16.2			

注:枸橼酸 $C_6H_8O_7 \cdot H_2O$:分子量 210.14,0.1mol/L 溶液为 21.01g/L

枸橼酸钠 $Na_3C_6H_5O_7 \cdot 2H_2O$:分子量 294.12,0.1mol/L 溶液为 29.41g/mL

6. 乙酸-乙酸钠缓冲液(0.2mol/L)

pH(18℃)	0.2 mol/L NaAc(mL)	0.3 mol/L HAc(mL)	pH(18℃)	0.2 mol/L NaAc(mL)	0.3 mol/L HAc(mL)
3.6	0.75	9.25	4.8	5.90	4.10
3.8	1.20	8.80	5.0	7.00	3.00
4.0	1.80	8.20	5.2	7.90	2.10
4.2	2.65	7.35	5.4	8.60	1.40
4.4	3.70	6.30	5.6	9.10	0.90
4.6	4.90	5.10	5.8	9.40	0.60

注:$NaAc \cdot 3H_2O$ 分子量 = 136.09,0.2 mol/L 溶液为 27.22g/L

7. 磷酸氢二钠-磷酸二氢钠缓冲液(0.2mol/L)

pH	0.2 mol/L Na_2HPO_4(mL)	0.3 mol/L NaH_2PO_4(mL)	pH	0.2 mol/L Na_2HPO_4(mL)	0.3 mol/L NaH_2PO_4(mL)
5.8	8.0	92.0	7.0	61.0	39.0
5.9	10.0	90.0	7.1	67.0	33.0
6.0	12.3	87.7	7.2	72.0	28.0
6.1	15.0	85.0	7.3	77.0	23.0
6.2	18.5	81.5	7.4	81.0	19.0
6.3	22.5	77.5	7.5	84.0	16.0
6.4	26.5	73.5	7.6	87.0	13.0
6.5	31.5	68.5	7.7	89.5	10.5
6.6	37.5	62.5	7.8	91.5	8.5
6.7	43.5	56.5	7.9	93.0	7.0
6.8	49.0	51.0	8.0	94.7	5.3
6.9	55.0	45.0			

注:$Na_2HPO_4 \cdot 2H_2O$ 分子量 = 178.05,0.2mol/L 溶液为 35.61g/L

$Na_2HPO_4 \cdot 2H_2O$ 分子量 = 358.22,0.2mol/L 溶液为 71.64g/L

$NaH_2PO_4 \cdot 2H_2O$ 分子量 = 156.03,0.2mol/L 溶液为 31.21g/L

8. 磷酸二氢钾-氢氧化钠缓冲液(0.05mol/L)

pH(20℃)	X(mL)	Y(mL)	pH(20℃)	X(mL)	Y(mL)
5.8	5	0.372	7.0	5	2.963
6.0	5	0.570	7.2	5	3.500
6.2	5	0.860	7.4	5	3.950
6.4	5	1.260	7.6	5	4.280
6.6	5	1.780	7.8	5	4.520
6.8	5	2.365	8.0	5	4.680

注：XmL 0.2mol/L KH_2PO_4 + YmL 0.2mol/L NaOH 加水稀释至 29mL

9. 巴比妥钠-盐酸缓冲液(18℃)

pH	0.04mol/L 巴比妥钠溶液(mL)	0.2mol/L 盐酸(mL)	pH	0.04mol/L 巴比妥钠溶液(mL)	0.2mol/L 盐酸(mL)
6.8	100	18.4	8.4	100	5.21
7.0	100	17.8	8.6	100	3.82
7.2	100	16.7	8.8	100	2.52
7.4	100	15.3	9.0	100	1.65
7.6	100	13.4	9.2	100	1.13
7.8	100	11.47	9.4	100	0.70
8.0	100	9.39	9.6	100	0.35
8.2	100	7.21			

注：巴比妥钠盐分子量=206.18；0.04mol/L 溶液为 8.25g/L

10. Tris-盐酸缓冲液(0.05mol/L,25℃)

50mL 0.1mol/L 三羟甲基氨基甲烷(Tris)溶液与 XmL 0.1mol/L 盐酸混匀后,加水稀释至 100mL。

pH	X(mL)	pH	X(mL)
7.10	45.7	8.10	26.2
7.20	44.7	8.20	22.9
7.30	43.4	8.30	19.9
7.40	42.0	8.40	17.2
7.50	40.3	8.50	14.7
7.60	38.5	8.60	12.4
7.70	36.6	8.70	10.3
7.80	34.5	8.80	8.5
7.90	32.0	8.90	7.0
8.00	29.2		

注：三羟甲基氨基甲烷(Tris)分子量=121.14;0.1mol/L 溶液为 12.114g/L
Tris 溶液可从空气中吸收二氧化碳,使用时注意将瓶盖严

11. 硼酸-硼砂缓冲液(0.2mol/L 硼酸根)

pH	0.05mol/L 硼砂 (mL)	0.2mol/L 硼酸 (mL)	pH	0.05mol/L 硼砂 (mL)	0.2mol/L 硼酸 (mL)
7.4	1.0	9.0	8.2	3.5	6.5
7.6	1.5	8.5	8.4	4.5	5.5
7.8	2.0	8.0	8.7	6.0	4.0
8.0	3.0	7.0	9.0	8.0	2.0

注:硼砂 $Na_2B_4O_7 \cdot H_2O$,分子量=381.43;0.05mol/L溶液(=0.2mol/L硼酸根)含19.07g/L

硼酸 H_3BO_3,分子量=61.84,0.2M溶液为12.37g/L

硼砂易失去结晶水,必须在带塞的瓶中保存

12. 甘氨酸-氢氧化钠缓冲液(0.05mol/L)

XmL 0.2mol/L 甘氨酸+YmL 0.2mol/L NaOH 加水稀释至 200mL

pH	X	Y	pH	X	Y
8.6	50	4.0	9.6	50	22.4
8.8	50	6.0	9.8	50	27.2
9.0	50	8.8	10.0	50	32.0
9.2	50	12.0	10.4	50	38.6
9.4	50	16.8	10.6	50	45.5

注:甘氨酸分子量=75.07;0.2mol/L溶液含15.01g/L

13. 硼砂-氢氧化钠缓冲液(0.05mol/L 硼酸根)

XmL 0.05mol/L 硼砂+YmL 0.2mol/L NaOH 加水稀释至 200mL

pH	X	Y	pH	X	Y
9.3	50	6.0	9.8	50	34.0
9.4	50	11.0	10.0	50	43.0
9.6	50	23.0	10.1	50	46.0

注:硼砂 $Na_2B_4O_7 \cdot 10H_2O$,分子量=381.43;0.05mol/L溶液为19.07g/L

14. 碳酸钠-碳酸氢钠缓冲液(0.1mol/L)

Ca^{2+}、Mg^{2+}存在时不得使用

pH		0.1mol/LNa$_2$CO$_3$(mL)	0.1mol/LNaHCO$_3$(mL)
20℃	37℃		
9.16	8.77	1	9
9.40	9.12	2	8
9.51	9.40	3	7
9.78	9.50	4	6

续表

pH		0.1mol/L Na₂CO₃(mL)	0.1mol/L NaHCO₃(mL)
20℃	37℃		
9.90	9.72	5	5
10.14	9.90	6	4
10.28	10.08	7	3
10.53	10.28	8	2
10.83	10.57	9	1

注:$Na_2CO_3 \cdot 10H_2O$ 分子量=286.2;0.1mol/L 溶液为 28.62g/L

$NaHCO_3$ 分子量=84.0;0.1mol/L 溶液为 8.40g/L

15. "PBS"缓冲液

pH	7.6	7.4	7.2	7.0
H_2O	1000	1000	1000	1000
NaCl	8.5	8.5	8.5	8.5
Na_2HPO_4	2.2	2.2	2.2	2.2
NaH_2PO_4	0.1	0.2	0.3	0.4

附录三 标准电极电势(298.15K)(按 $\varphi^\ominus$ 值由小到大编排)

电对	电对平衡式 氧化态+ne⁻⇌还原态	$\varphi^\ominus$/V
Li⁺/Li	$Li^+(aq)+e^- \rightleftharpoons Li(s)$	−3.0401
K⁺/K	$K^+(aq)+e^- \rightleftharpoons K(s)$	−2.931
Ba²⁺/Ba	$Ba^{2+}(aq)+2e^- \rightleftharpoons Ba(s)$	−2.912
Ca²⁺/Ca	$Ca^{2+}(aq)+2e^- \rightleftharpoons Ca(s)$	−2.868
Na⁺/Na	$Na^+(aq)+e^- \rightleftharpoons Na(s)$	−2.71
Mg²⁺/Mg	$Mg^{2+}(aq)+2e^- \rightleftharpoons Mg(s)$	−2.372
Al³⁺/Al	$Al^{3+}(aq)+3e^- \rightleftharpoons Al(s)$	−1.662
Ti²⁺/Ti	$Ti^{2+}(aq)+2e^- \rightleftharpoons Ti(s)$	−1.630
Mn²⁺/Mn	$Mn^{2+}(aq)+2e^- \rightleftharpoons Mn(s)$	−1.185
Zn²⁺/Zn	$Zn^{2+}(aq)+2e^- \rightleftharpoons Zn(s)$	−0.7618
Cr³⁺/Cr	$Cr^{3+}(aq)+3e^- \rightleftharpoons Cr(s)$	−0.744
Fe(OH)₃/Fe(OH)₂	$Fe(OH)_3(s)+e^- \rightleftharpoons Fe(OH)_2(s)+OH^-(aq)$	−0.56
S/S²⁻	$S(s)+2e^- \rightleftharpoons S^{2-}(aq)$	−0.4763
Cd²⁺/Cd	$Cd^{2+}(aq)+2e^- \rightleftharpoons Cd(s)$	−0.403

续表

电对	电对平衡式 氧化态+ne⁻⇌还原态	$\varphi^{\ominus}/V$
$PbSO_4/Pb$	$PbSO_4(s)+2e^-\rightleftharpoons Pb(s)+SO_4^{2-}(aq)$	-0.3588
Co^{2+}/Co	$Co^{2+}(aq)+2e^-\rightleftharpoons Co(s)$	-0.28
H_3PO_4/H_3PO_3	$H_3PO_4(aq)+2H^+(aq)+2e^-\rightleftharpoons H_3PO_3(aq)+H_2O(l)$	-0.276
Ni^{2+}/Ni	$Ni^{2+}(aq)+2e^-\rightleftharpoons Ni(s)$	-0.257
AgI/Ag	$AgI(s)+e^-\rightleftharpoons Ag(s)+I^-(aq)$	-0.1522
Sn^{2+}/Sn	$Sn^{2+}(aq)+2e^-\rightleftharpoons Sn(s)$	-0.1375
Pb^{2+}/Pb	$Pb^{2+}(aq)+2e^-\rightleftharpoons Pb(s)$	-0.1262
H^+/H_2	$2H^+(aq)+2e^-\rightleftharpoons H_2(g)$	0
$AgBr/Ag$	$AgBr(s)+e^-\rightleftharpoons Ag(s)+Br^-(aq)$	0.071
Sn^{4+}/Sn^{2+}	$Sn^{4+}(aq)+2e^-\rightleftharpoons Sn^{2+}(aq)$	0.151
Cu^{2+}/Cu^+	$Cu^{2+}(aq)+e^-\rightleftharpoons Cu^+(aq)$	0.153
$AgCl/Ag$	$AgCl(s)+e^-\rightleftharpoons Ag(s)+Cl^-(aq)$	0.222
Hg_2Cl_2/Hg	$Hg_2Cl_2(s)+2e^-\rightleftharpoons 2Hg(l)+2Cl^-(aq)$	0.268
Cu^{2+}/Cu	$Cu^{2+}(aq)+2e^-\rightleftharpoons Cu(s)$	0.3419
$[Fe(CN)_6]^{3-}/[Fe(CN)_6]^{4-}$	$[Fe(CN)_6]^{3-}(aq)+e^-\rightleftharpoons [Fe(CN)_6]^{4-}(aq)$	0.36
O_2/OH^-	$O_2(g)+2H_2O(l)+4e^-\rightleftharpoons 4OH^-(aq)$	0.401
Cu^+/Cu	$Cu^+(aq)+e^-\rightleftharpoons Cu(s)$	0.521
I_2/I^-	$I_2(s)+2e^-\rightleftharpoons 2I^-(aq)$	0.5355
MnO_4^-/MnO_4^{2-}	$MnO_4^-(aq)+e^-\rightleftharpoons MnO_4^{2-}(aq)$	0.558
MnO_4^-/MnO_2	$MnO_4^-(aq)+2H_2O(l)+3e^-\rightleftharpoons MnO_2(s)+4OH^-(aq)$	0.595
BrO_3^-/Br^-	$BrO_3^-(aq)+3H_2O(l)+6e^-\rightleftharpoons Br^-(aq)+6OH^-(aq)$	0.61
O_2/H_2O_2	$O_2(g)+2H^+(aq)+2e^-\rightleftharpoons H_2O_2(aq)$	0.695
Fe^{3+}/Fe^{2+}	$Fe^{3+}(aq)+e^-\rightleftharpoons Fe^{2+}(aq)$	0.771
Ag^+/Ag	$Ag^+(aq)+e^-\rightleftharpoons Ag(s)$	0.7996
ClO^-/Cl^-	$ClO^-(aq)+H_2O(l)+2e^-\rightleftharpoons Cl^-(aq)+2OH^-(aq)$	0.841
NO_3^-/NO	$NO_3^-(aq)+4H^+(aq)+3e^-\rightleftharpoons NO(g)+2H_2O(l)$	0.957
Br_2/Br^-	$Br_2(l)+2e^-\rightleftharpoons 2Br^-(aq)$	1.066
IO_3^-/I_2	$2IO_3^-(aq)+12H^+(aq)+10e^-\rightleftharpoons I_2(s)+6H_2O(l)$	1.20
MnO_2/Mn^{2+}	$MnO_2(s)+4H^+(aq)+2e^-\rightleftharpoons Mn^{2+}(aq)+2H_2O(l)$	1.224
O_2/H_2O	$O_2(g)+4H^+(aq)+4e^-\rightleftharpoons 2H_2O(l)$	1.229
$Cr_2O_7^{2-}/Cr^{3+}$	$Cr_2O_7^{2-}(aq)+14H^+(aq)+6e^-\rightleftharpoons 2Cr^{3+}(aq)+7H_2O(l)$	1.232
O_3/OH^-	$O_3(g)+H_2O(l)+2e^-\rightleftharpoons O_2(g)+2OH^-(aq)$	1.24
Cl_2/Cl^-	$Cl_2(g)+2e^-\rightleftharpoons 2Cl^-(aq)$	1.358
PbO_2/Pb^{2+}	$PbO_2(s)+4H^+(aq)+2e^-\rightleftharpoons Pb^{2+}(aq)+2H_2O(l)$	1.455
MnO_4^-/Mn^{2+}	$MnO_4^-(aq)+8H^+(aq)+5e^-\rightleftharpoons Mn^{2+}+4H_2O(l)$	1.507
$HBrO/Br_2$	$2HBrO(aq)+2H^+(aq)+2e^-\rightleftharpoons Br_2(l)+2H_2O(l)$	1.596

续表

电对	电对平衡式 氧化态+ne⁻⇌还原态	$\varphi^{\ominus}/V$
$HClO/Cl_2$	$2HClO(aq)+2H^+(aq)+2e^-\rightleftharpoons Cl_2(g)+2H_2O(l)$	1.611
H_2O_2/H_2O	$H_2O_2(aq)+2H^+(aq)+2e^-\rightleftharpoons 2H_2O(l)$	1.776
$S_2O_8^{2-}/SO_4^{2-}$	$S_2O_8^{2-}(aq)+2e^-\rightleftharpoons 2SO_4^{2-}(aq)$	2.010
O_3/H_2O	$O_3(g)+2H^+(aq)+2e^-\rightleftharpoons O_2(g)+H_2O(l)$	2.076
F_2/F^-	$F_2(g)+2e^-\rightleftharpoons 2F^-(aq)$	2.866

附录四　某些试剂和溶液的配制方法

1. PBS　取 ZLI-9061 PBS 溶于 1000mL 的蒸馏水中,混匀,测 pH 应在 7.2~7.4 之间,若偏离此范围,请用 0.1mol/L 的 HCl 或 NaOH 调整。

2. TBS

(1) Tris 缓冲液配方:(0.5mol/L pH7.6)

Tris(三羟甲基氨基甲烷)	60.57g
1mol/L HCl	约420mL
双蒸水	加至 1000mL

Tris 缓冲液配制方法:先以少量双蒸水(300~500mL)溶解 Tris,加入 HCl 后,用 HCl(1mol/L)或 NaOH(1mol/L)将 pH 调至 7.6,最后双蒸水加至 1000mL。此液为储备液,4℃冰箱中保存。

(2) TBS 配方:

Tris-HCl 缓冲液(0.5mol/L pH7.6)	100mL
NaCl	8.5~9g(0.15mol/L)
双蒸水	加至 1000mL

TBS 配制方法:先以少量双蒸水溶解 NaCl,再加入 Tris-HCl 缓冲液,最后加双蒸水至1000mL,充分摇匀。

3. 枸橼酸盐缓冲液(citrate buffer)

(1) 储存液

1) 0.1mol/L 枸橼酸溶液:称取 21.01g 枸橼酸($C_6H_8O_7\cdot H_2O$)溶于 1000mL 蒸馏水中。

2) 0.1mol/L 枸橼酸钠溶液:称取 29.41g 枸橼酸钠($C_6H_5Na_3O_7\cdot 2H_2O$)溶于 1000mL 蒸馏水中。

(2) 工作液:取 9mL A 液和 41mL B 液加入 450mL 蒸馏水中,溶液 pH 应为 6.0±0.1。

4. 胰酶(trypsin)

(1) ZLI-9011 胰蛋白酶消化液:常用浓度为 0.125%,即使用前将一滴试剂 1 胰酶溶液和三滴试剂 2 胰酶稀释液均匀混合(1:3 稀释),则可直接滴加使用。胰酶的最终浓度可以根据使用者的要求进行调整,浓度范围可以从 0.05%(1∶10 稀释)至 0.25%(1∶1 稀释)。

(2) ZLI-9010 胰蛋白酶:取 0.05g 或 0.1g 胰蛋白酶加入到 100mL 0.05% 或 0.1% pH7.8 的无水氯化钙水溶液中,溶解即可。

5. 胃酶(pepsin) 4% 胃蛋白酶,用 0.1mol/L HCl 配制。

6. DAB

(1) ZLI-9032/9033 DAB Kit:使用前只需将试剂盒提供的 A、B、C 三种试剂各一滴加至 1ml 双蒸水中,即可获得 1mL DAB 工作液,简单易用。

(2) ZLI-9030 DAB:6mg DAB 溶于 10mL TBS(0.05mol/L pH7.6),再加入 0.1mL 浓度为 3% 的 H_2O_2,过滤掉沉淀物,即可。

7. AEC 4mg AEC 溶于 1mL 二甲基甲酰胺中,加入 14mL 浓度为 0.1mol/L 的醋酸缓冲液(pH5.2),然后加入 0.15mL 3% H_2O_2,过滤掉沉淀物。

8. Blotto A 常规使用 1×PBS,5% milk,0.05% Tween 20。

9. Blotto B 与 Phosphotyrosine 抗体共用,1×PBS,1% milk,0.05% Tween 20。部分实验中 milk 可完全去除,但可能引起背景增高。

10. 3% 酸性乙醇溶液 浓盐酸 3mL、95% 乙醇 97mL。

11. 中性红指示剂 中性红 0.04g;95% 乙醇 28mL;蒸馏水 72mL。中性红 pH 6.8~8,颜色由红变黄,常用浓度为 0.04%。

12. 淀粉水解试验用碘液(卢戈碘液) 碘片 1g;碘化钾 2g;蒸馏水 300mL。先将碘化钾溶解在少量水中,再将碘片溶解在碘化钾溶液中,待碘全溶后,加足水分即成。

13. 溴甲酚紫指示剂 溴甲酚紫 0.04g;0.01mol/L NaOH 7.4mL;蒸馏水 92.6mL。溴甲酚紫 pH 5.2~6.8,颜色由黄变紫,常用浓度为 0.04%。

14. 溴百里酚蓝指示剂 溴百里酚蓝 0.04g;0.01mol/L NaOH 6.4mL;蒸馏水 93.6mL。溴百里酚蓝 pH 6.0~7.6,颜色由黄变蓝,常用浓度为 0.04%。

15. 甲基红试剂 甲基红(Methyl red) 0.04g;95% 乙醇 60mL;蒸馏水 40mL。先将甲基红溶于 95% 乙醇中,然后加入蒸馏水即可。

16. V. P. 试剂

(1) 5% α-萘酚无水乙醇溶液:α-萘酚 5g;无水乙醇 100mL。

(2) 40% KOH 溶液:KOH 40g;蒸馏水 100mL。

17. 吲哚试剂 对二甲基氨基苯甲醛 2g;95% 乙醇 190mL;浓盐酸 40mL。

18. 格里斯(Griess)**试剂**

A 液:对氨基苯磺酸 0.5g;10% 稀醋酸 150mL。

B 液:α-萘胺 0.1g;蒸馏水 20mL;10% 稀醋酸 150mL。

19. 二苯胺试剂 二苯胺 0.5g 溶于 100mL 浓硫酸中,用 20mL 蒸馏水稀释。

20. 阿氏(Alsever)**血液保存液** 枸橼酸三钠·$2H_2O$ 8g;枸橼酸 0.5g;无水葡萄糖 18.7g;NaCl 4.2g;蒸馏水 1000mL。将各成分溶解于蒸馏水后,用滤纸过滤,分装,0.56~0.70kg/cm^2(8~10)磅/英寸,灭菌 20min。冰箱保存备用。

21. 肝素溶液 取一支含 12 500 单位的注射用肝素溶液,用生理盐水稀释 500 倍,即成为每毫升含 25 单位的肝素溶液。作白细胞吞噬试验用。大约 12.5 单位肝素可凝 1mL 全血。

22. pH8.6 离子强度 0.075mol/L 巴比妥缓冲液 巴比妥 2.76g;巴比妥钠 15.45g;蒸馏水 1000mL。

23. 1%离子琼脂　琼脂粉 1g;巴比妥缓冲液 50mL;蒸馏水 50mL;1%硫酸汞 1 滴。称取琼脂粉 1g 先加至 50mL 蒸馏水中,于沸水浴中加热溶解,然后加入 50mL 巴比妥缓冲液,再滴加 1 滴 1%硫酸汞溶液防腐,分装试管内,放冰箱中备用。

24. 其他细胞悬液的配制

(1) 1%鸡红细胞悬液:取鸡翼下静脉血或心脏血,注入含灭菌阿氏液的玻璃瓶内,使血与阿氏液的比例为 1:5,放冰箱中保存 2~4 周。临用前取出适量鸡血,用无菌生理盐水洗涤,离心,倾去生理盐水,如此反复洗涤 3 次,最后一次离心使成积压红细胞,然后用生理盐水配成 1%。供吞噬试验用。

(2) 白色葡萄球菌菌液:白色葡萄球菌接种于肉汤培养基中,37℃温箱培养 12h 左右,置水浴中加热 100℃,10min 杀死细菌,用无菌生理盐水配制成每毫升含 6 亿个细胞,分装于小瓶内,置冰箱保存备用。

附录五　常用酸、碱的浓度

试剂名称	密度 /(g/cm³)	质量分数 /%	物质的量浓度 /(mol/L)	试剂名称	密度 /(g/cm³)	质量分数 /%	物质的量浓度 /(mol/L)
浓硫酸	1.84	98	18	氢溴酸	1.38	40	7
稀硫酸	1.1	9	2	氢碘酸	1.70	57	7.5
浓盐酸	1.19	38	12	冰醋酸	105	99	17.5
稀盐酸	1.0	7	2	稀醋酸	1.04	30	5
浓硝酸	1.4	68	16	稀醋酸	1.0	12	2
稀硝酸	1.2	32	6	浓氢氧化钠	1.44	~41	~14.4
浓磷酸	1.7	85	14.7	稀氢氧化钠	1.1	8	2
稀磷酸	1.05	9	1	稀氨水	0.91	~28	14.8
稀高氯酸	1.11	92	2	浓氨水	1.0	3.5	2
浓高氯酸	1.67	70	11.6	氢氧化钡水溶液		2	~0.1
浓氢氟酸	1.13	40	23				

附录六　常见离子和化合物的颜色

一、离　子

1. 无色离子

阳离子:Na^+　K^+　NH_4^+　Mg^{2+}　Ca^{2+}　Ba^{2+}　Al^{3+}　Sn^{2+}　Sn^{4+}　Pb^{2+}　Bi^{3+}　Ag^+　Zn^{2+}　Cd^{2+}　Hg_2^{2+}　Hg^{2+}

阴离子:BO_2^{2-}　$C_2O_4^{2-}$　Ac^-　CO_3^{2-}　SiO_3^{2-}　NO_3^-　NO_2^-　PO_4^{3-}　MoO_4^{2-}　SO_3^{2-}　SO_4^{2-}　S^{2-}　$S_2O_3^{2-}$　F^-　Cl^-　ClO_3^-　Br^-　BrO_3^-　I^-　SCN^-　$[CuCl_2]^-$

2. 有色离子

$[Cu(H_2O)_4]^{2+}$　　$[CuCl]^{2+}$　　$[Cu(NH_3)_4]^{2+}$　　$[Cr(H_2O)_6]^{2+}$　　$[Cr(H_2O)_6]^{3+}$

　浅蓝色　　　　　黄色　　　　深蓝色　　　　　蓝色　　　　　紫色

$[Cr(H_2O)_5Cl]^{2+}$ $[Cr(H_2O)_4Cl_2]^+$ $[Cr(NH_3)_2(H_2O)_4]^{3+}$

    浅绿色   暗绿色   紫红色

$[Cr(NH_3)_3(H_2O)_3]^{3+}$ $[Cr(NH_3)_4(H_2O)_2]^{3+}$ $[Cr(NH_3)_5H_2O]^{2+}$

     浅红色   橙红色   橙黄色

$[Cr(NH_3)_6]^{3+}$ CrO_2^- CrO_4^{2-} $Cr_2O_7^{2-}$ $[Mn(H_2O)]^{2+}$ MnO_4^{2-} MnO_4^-

  黄色   绿色   黄色   橙色   肉色   绿色   紫红色

$FeCl_6^{2-}$ FeF_6^{3-} $[Fe(C_2O_6)_3]^{3-}$ $[Fe(SCN)_n]^{3-n}$ $[Fe(H_2O)_6]^{2+}$

 黄色   无色   黄色   血红色   浅绿色

$[Fe(H_2O)_6]^{3+}$ $[Fe(CN)_6]^{4-}$ $[Fe(CN)_6]^{3-}$ $[Co(H_2O)_6]^{3+}$ $[Co(NH_3)_6]^{2+}$

  淡紫色   黄色   浅橘黄色   粉红色   黄色

$[Co(NH_3)_6]^{3+}$ $[CoCl(NH_3)_5]^{2+}$ $[Co(NH_3)_5(H_2O)]^{3+}$ $[Co(NH_3)_4CO_3]^+$

  橙黄色   红紫色   粉红色   紫红色

$[Co(CN)_6]^{3-}$ $[Co(SCN)_4]^{2-}$ $[Ni(H_2O)_6]^{2+}$ $[Ni(NH_3)_6]^{2+}$ I_3^-

  紫色   蓝色   亮绿色   蓝色   浅棕黄色

二、化 合 物

1. 氧化物

CuO Cu_2O Ag_2O ZnO Hg_2O HgO TiO_2 V_2O_3

黑色   暗红色   暗棕色   白色   黑色   红色或黄色   白色或橙红色   黑色

VO_2 V_2O_5 Cr_2O_3 CrO_3 MnO_2 FeO Fe_2O_3 CoO Co_2O_3

深蓝色   红棕色   绿色   红色   棕褐色   黑色   砖红色   灰绿色   黑色

NiO Ni_2O_3 PbO Pb_3O_4

暗绿色   黑色   黄色   红色

2. 氢氧化物

$Zn(OH)_2$ $Pb(OH)_2$ $Mg(OH)_2$ $Sn(OH)_2$ $Sn(OH)_4$ $Mn(OH)_2$

  白色   白色   白色   白色   白色   白色

$Fe(OH)_2$ $Fe(OH)_3$ $Cd(OH)_2$ $Al(OH)_3$ $Bi(OH)_3$ $Sb(OH)_3$

  白色   红棕色   白色   白色   白色   白色

$Cu(OH)_2$ $CuOH$ $Ni(OH)_2$ $Ni(OH)_3$ $Co(OH)_2$ $Co(OH)_3$ $Cr(OH)_3$

  浅蓝色   黄色   浅绿色   黑色   粉红色   褐棕色   灰绿色

3. 氯化物

$AgCl$ Hg_2Cl_2 $PbCl_2$ $CuCl$ $CuCl_2$ $CuCl_2 \cdot 2H_2O$ $Hg(NH_3)Cl$ $CoCl_2$

白色   白色   白色   白色   棕色   蓝色   白色   蓝色

$CoCl_2 \cdot H_2O$ $CoCl_2 \cdot 2H_2O$ $CoCl_2 \cdot 6H_2O$ $FeCl_3 \cdot 6H_2O$

  蓝紫色   紫红色   粉红色   黄棕色

4. 溴化物

 $AgBr$ $CuBr_2$ $PbBr_3$

淡黄色   黑紫色   白色

5. 碘化物

AgI　　Hg$_2$I$_2$　　HgI$_2$　　PbI$_2$　　CuI

黄色　黄褐色　红色　黄色　白色

6. 卤酸盐

Ba(IO$_3$)$_2$　AgIO$_3$　KClO$_4$　AgBrO$_3$

白色　　白色　　白色　　白色

7. 硫化物

Ag$_2$S　　　HgS　　　PbS　　CuS　　Cu$_2$S　　FeS　　Fe$_2$S$_3$　　SnS　　　SnS$_2$

灰黑色　红色或黑色　黑色　黑色　黑色　棕黑色　黑色　灰黑色　金黄色

CdS　　Sb$_2$S$_3$　　Sb$_2$S$_5$　　MnS　　ZnS　　As$_2$S$_3$

黄色　橙色　橙红色　肉色　白色　黄色

8. 硫酸盐

Ag$_2$SO$_4$　Hg$_2$SO$_4$　PbSO$_4$　CaSO$_4$　BaSO$_4$　[Fe(NO)]SO$_4$　Cu$_2$(OH)$_2$SO$_4$

白色　　白色　　白色　　白色　　白色　　深棕色　　　浅蓝色

CuSO$_4$·5H$_2$O　CoSO$_4$·7H$_2$O　Cr$_2$(SO$_4$)$_3$·6H$_2$O　Cr$_2$(SO$_4$)$_3$

蓝色　　　　红色　　　　绿色　　　紫色或红色

Cr$_2$(SO$_4$)$_3$·18H$_2$O

蓝紫色

9. 碳酸盐

Ag$_2$CO$_3$　CaCO$_3$　BaCO$_3$　MnCO$_3$　CaCO$_3$　Zn$_2$(OH)$_2$CO$_3$　FeCO$_3$

白色　　白色　　白色　　白色　　白色　　　白色　　　白色

Cu$_2$(OH)$_2$CO$_3$　Ni$_2$(OH)$_2$CO$_3$

暗绿色　　　浅绿色

10. 磷酸盐

Ca$_3$(PO$_4$)$_2$　CaHPO$_4$　Ba$_3$(PO$_4$)$_2$　FePO$_4$　Ag$_3$PO$_4$　MgNH$_4$PO$_4$

白色　　　白色　　　白色　　浅黄色　黄色　　白色

11. 铬酸盐

Ag$_2$CrO$_4$　PbCrO$_4$　BaCrO$_4$　FeCrO$_4$·2H$_2$O　CaCrO$_4$

砖红色　黄色　　黄色　　　黄色　　　黄色

12. 硅酸盐

BaSiO$_3$　CuSiO$_3$　CoSiO$_3$　Fe$_2$(SiO$_3$)$_3$　MnSiO$_3$　NiSiO$_3$　ZnSiO$_3$

白色　　蓝色　　紫色　　棕红色　　肉色　　翠绿色　白色

13. 草酸盐

CaC$_2$O$_4$　Ag$_2$C$_2$O$_4$　FeC$_2$O$_4$·2H$_2$O

白色　　白色　　　黄色

14. 类卤化合物

AgCN　Ni(CN)$_2$　Cu(CN)$_2$　CuCN　AgSCN　Cu(SCN)$_2$

白色　浅绿色　浅棕黄色　白色　白色　黑绿色

15. 其他含氧酸盐

$Ag_2S_2O_3$ $BaSO_3$

白色   白色

16. 其他化合物

$Fe_4[Fe(CN)_6]_3 \cdot xH_2O$ $Cu_2[Fe(CN)_6]$ $Ag_3[Fe(CN)_6]$ $Zn_3[Fe(CN)_6]_2$

     蓝色   红棕色   橙色   黄褐色

$Co_2[Fe(CN)_6]$ $Ag_4[Fe(CN)_6]$ $Zn_2[Fe(CN)_6]$ $K_3[Co(NO_2)_6]$

     绿色   白色   白色   黄色

$K_2Na[Co(NO_2)_6]$ $(NH_4)_2Na[Co(NO_2)_6]$ $K_2[PtCl_6]$

     黄色   黄色   黄色

$Na_2[Fe(CN)_5NO] \cdot 2H_2O$ $NaAc \cdot Zn(Ac)_2 \cdot 3[UO_2(Ac)_2] \cdot 9H_2O$

     红色   黄色

元素周期表

注:
1. 相对原子质量录自 2005 年国际相对原子质量表, 以 $^{12}C=12$ 为标准, 相对原子质量末位数的准确度加注在其后的括号内。
2. 原子量末列有括号的数据为该放射性元素半衰期最长同位素的质量数。
3. 括号内数据为大概率的同位素半衰期数, 具体见 97% 4.896。

s 区		d 区								ds 区		p 区					0
IA	IIA	IIIB	IVB	VB	VIB	VIIB	VIII			IB	IIB	IIIA	IVA	VA	VIA	VIIA	0

周期 1
- 1 H 氢 1.00794(7)
- 2 He 氦 4.002602(2)

周期 2
- 3 Li 锂 6.941(2)
- 4 Be 铍 9.012182(3)
- 5 B 硼 10.811(7)
- 6 C 碳 12.0107(8)
- 7 N 氮 14.0067(2)
- 8 O 氧 15.9994(3)
- 9 F 氟 18.9984032(5)
- 10 Ne 氖 20.1797(6)

周期 3
- 11 Na 钠 22.98976928(2)
- 12 Mg 镁 24.3050(6)
- 13 Al 铝 26.9815386(8)
- 14 Si 硅 28.0855(3)
- 15 P 磷 30.973762(2)
- 16 S 硫 32.065(5)
- 17 Cl 氯 35.453(2)
- 18 Ar 氩 39.948(1)

周期 4
- 19 K 钾 39.0983(1)
- 20 Ca 钙 40.078(4)
- 21 Sc 钪 44.955912(6)
- 22 Ti 钛 47.867(1)
- 23 V 钒 50.9415(1)
- 24 Cr 铬 51.9961(6)
- 25 Mn 锰 54.938045(5)
- 26 Fe 铁 55.845(2)
- 27 Co 钴 58.933195(5)
- 28 Ni 镍 58.6934(4)
- 29 Cu 铜 63.546(3)
- 30 Zn 锌 65.38(2)
- 31 Ga 镓 69.723(1)
- 32 Ge 锗 72.64(1)
- 33 As 砷 74.92160(2)
- 34 Se 硒 78.96(3)
- 35 Br 溴 79.904(1)
- 36 Kr 氪 83.798(2)

周期 5
- 37 Rb 铷 85.4678(3)
- 38 Sr 锶 87.62(1)
- 39 Y 钇 88.90585(2)
- 40 Zr 锆 91.224(2)
- 41 Nb 铌 92.90638(2)
- 42 Mo 钼 95.96(2)
- 43 Tc 锝 97.9072
- 44 Ru 钌 101.07(2)
- 45 Rh 铑 102.90550(2)
- 46 Pd 钯 106.42(1)
- 47 Ag 银 107.8682(2)
- 48 Cd 镉 112.411(8)
- 49 In 铟 114.818(3)
- 50 Sn 锡 118.710(7)
- 51 Sb 锑 121.760(1)
- 52 Te 碲 127.60(3)
- 53 I 碘 126.90447(3)
- 54 Xe 氙 131.293(6)

周期 6
- 55 Cs 铯 132.9054519(2)
- 56 Ba 钡 137.327(7)
- 57 La 镧 138.90547(7)
- 72 Hf 铪 178.49(2)
- 73 Ta 钽 180.94788(2)
- 74 W 钨 183.84(1)
- 75 Re 铼 186.207(1)
- 76 Os 锇 190.23(3)
- 77 Ir 铱 192.217(3)
- 78 Pt 铂 195.084(9)
- 79 Au 金 196.9665699(4)
- 80 Hg 汞 200.59(2)
- 81 Tl 铊 204.3833(2)
- 82 Pb 铅 207.2(1)
- 83 Bi 铋 208.98040(1)
- 84 Po 钋 208.9824
- 85 At 砹 209.9871
- 86 Rn 氡 222.0176

周期 7
- 87 Fr 钫 [223.0197]
- 88 Ra 镭 [226.0254]
- 89 Ac 锕 [227.0277]
- 104 Rf 鑪 [261.1088]
- 105 Db 𬭊 [262.1141]
- 106 Sg 𨭎 [266.1219]
- 107 Bh 𬭶 [264.125]
- 108 Hs 𬭳 [277]
- 109 Mt 鿏 [268,1388]
- 110 Ds 𫟼 [271]
- 111 Rg 𬬭 [272.1535]
- 112 Cn 鿔 [285]
- 114 Uuq [289]
- 116 Uuh [289?]
- 118 Uuo [293]

镧系 (f 区)
- 57 La 镧 138.90547(7)
- 58 Ce 铈 140.116(1)
- 59 Pr 镨 140.90765(2)
- 60 Nd 钕 144.242(3)
- 61 Pm 钷 144.9127
- 62 Sm 钐 150.36(2)
- 63 Eu 铕 151.964(1)
- 64 Gd 钆 157.25(3)
- 65 Tb 铽 158.92535(2)
- 66 Dy 镝 162.500(1)
- 67 Ho 钬 164.93032(2)
- 68 Er 铒 167.259(3)
- 69 Tm 铥 168.93421(2)
- 70 Yb 镱 173.054(5)
- 71 Lu 镥 174.9668(1)

锕系 (f 区)
- 89 Ac 锕 [227.0277]
- 90 Th 钍 232.03806(2)
- 91 Pa 镤 231.03588(2)
- 92 U 铀 238.02891(3)
- 93 Np 镎 237.0482
- 94 Pu 钚 244.0642
- 95 Am 镅 243.0614
- 96 Cm 锔 247.0704
- 97 Bk 锫 247.0703
- 98 Cf 锎 251.0796
- 99 Es 锿 252.0830
- 100 Fm 镄 257.0951
- 101 Md 钔 258.0984
- 102 No 锘 259.1010
- 103 Lr 铹 262.1097